准噶尔盆地玛湖凹陷
二叠—三叠系砂砾岩储层微观特征

靳军 王剑 马聪 孟颖 尚玲 等著

石油工业出版社

内 容 提 要

本书以玛湖凹陷玛西、玛北和玛东的三叠系百口泉组、二叠系乌尔禾组为研究对象，通过物源分析、岩石成因类型的划分和单井相、剖面相、平面相、测井相的研究，确定了宏观上沉积相与沉积微相类型。在此基础上，重点研究了储层的微观特征，深入分析和探讨了优质储层平面分布特征。此外，还重点介绍了实验室渗流实验分析技术和砾岩储层微观结构表征；同时，对玛湖凹陷二叠系砂砾岩储层沸石类矿物成因及沉积环境进行了分析研究。

本书适合从事石油地质和勘探开发的科研人员及高等院校相关专业师生参考。

图书在版编目（CIP）数据

准噶尔盆地玛湖凹陷二叠—三叠系砂砾岩储层微观特征
/ 靳军等著 . —北京：石油工业出版社，2021.6
　　ISBN 978-7-5183-4753-7

　　Ⅰ . ① 准… Ⅱ . ① 靳… Ⅲ . ① 准噶尔盆地 – 二叠纪 –
砂岩油气田 – 储集层 – 研究 ② 准噶尔盆地 – 三叠纪 – 砂岩
油气田 – 储集层 – 研究 Ⅳ . ① P618. 130. 2

　　中国版本图书馆 CIP 数据核字（2021）第 140284 号

出版发行：石油工业出版社
　　　　　（北京安定门外安华里 2 区 1 号　　100011）
　　　　　网　　址：www.petropub.com
　　　　　编辑部：（010）64523707　图书营销中心：（010）64523633
经　　销：全国新华书店
印　　刷：北京中石油彩色印刷有限责任公司

2021 年 6 月第 1 版　　2021 年 6 月第 1 次印刷
787 × 1092 毫米　　开本：1/16　　印张：13.25
字数：290 千字

定价：120.00 元

《准噶尔盆地玛湖凹陷
二叠—三叠系砂砾岩储层微观特征》
撰写人员

靳 军　王 剑　马 聪　孟 颖　尚 玲

周基贤　周明慧　刘 明　刘 金　鲁 锋

李世宏　雷海艳　连丽霞　张晓刚　陈 俊

谢礼科　杨 召　杨红霞　王桂君　张 娟

齐 靖　刘 淼　郑 雨　张锡新　胡 亮

艾尼·阿不都热依木

序

　　英国著名科学家、现代实验科学的奠基人培根说过"没有实验，就没有科学"。现代科技的发展和引领者基本上都是在实验室中孕育产生的。实验室作为科学研究和人才培养的平台和载体，国内外历来都十分重视。作为现代企业，实验室的建设、实验技术和水平的提升、实验研究成果的推广和应用是企业科技创新的基础和动力。

　　2011年12月6日"新疆油田公司实验检测研究院"正式挂牌，标志着新疆油田公司化验、实验、检测业务发展的新起点，亦是中国三大石油公司及所属油田实验检测业务独立发展的新模式。挂牌伊始，新疆油田公司提出了"充分实现资源整合利用，以现代化的理念，建成大中亚地区最具实力、最具影响力的实验检测研究院"这一要求以及"立足新疆、面向西部、辐射中亚"的业务定位，新疆油田的油气实验技术和应用将步入全新的发展空间。

　　纵观新疆油田油气勘探开发半个多世纪的发展史，无论是油气发现，还是增储上产，都离不开实验基础和实验研究。早在20世纪50年代初，新疆油田勘探开发研究就与实验研究融为一体，1951年成立"独山子科学研究总化验室"，1955年改名为"新疆石油公司中心科学化验室"。之后，随着油田的发展，油气实验研究与之独立。可以说，新疆油田油气勘探开发史亦是一部油气实验技术应用史，这期间积累了丰富的实验研究成果，培育了大量实验技术与应用人才。

　　在庆祝"新疆油田勘探开发六十周年"之际，我们欣慰地看到，由新疆油田公司实验检测研究院组织编纂的《准噶尔盆地油气实验技术与应用系列丛书》在历经两年的时间后与大家见面了。这既是对"新疆油田勘探开发六十周年"庆典活动的最好献礼，也是对新疆油田油气实验研究理论、技术和应用系统全面的总结和提升。

　　《准噶尔盆地油气实验技术与应用系列丛书》的问世，汇聚了几代油气实验科技工作者的成果与智慧，也反映了当代年轻实验工作者刻苦钻研、勇于创新的聪明才智。同时，又是一套弥足珍贵的系列专著与教科书以及育人成才的精神财富。

面对准噶尔盆地愈来愈复杂的油藏地质条件和增储上产愈来愈困难的勘探开发现状，希望从事油气实验研究的科技工作者沉下心来，潜心钻研，勇于攻关，不断提升实验研究水平，大力推广实验研究成果，攻克和解决勘探开发领域的各类难题，为"十三五"新疆油田的可持续发展做出新的更大的贡献。

2015 年 3 月 15 日

前言 /PREFACE

玛湖凹陷油气勘探始于 20 世纪 80 年代初，1981 年在玛湖西斜坡上钻探第一口参数井——艾参 1 井，该井在白垩系，侏罗系三工河组、八道湾组，三叠系白碱滩组、克拉玛依组以及二叠系下乌尔禾组见不同程度油气显示，但未获突破；1990 年在艾参 1 井上倾方向钻探百 65 井，该井在侏罗系和三叠系虽见油气显示，但试油均为干层。限于当时勘探认识和主要寻找构造油气藏目标，上述钻探目的层构造圈闭不发育，仅为油气运移和过路的通道，故勘探的失利亦在情理之中；随后，在玛湖斜坡区开展了构造解释与圈闭普查，发现多个背斜和鼻凸构造带。1991 年在玛湖鼻状构造的 1 号背斜上部署上钻玛 2 井，该井在侏罗系、三叠系和二叠系见良好油气显示，完井试油先后在二叠系下乌尔禾组和三叠系百口泉组获工业油流。玛 2 井的突破是玛湖斜坡区的重要发现，证明了"跳出断裂带，走向斜坡区"的勘探思路的正确性。从此，克拉玛依油田家族中，多了一个玛北油田。但综合研究认为，玛北油田受构造控制作用明显，因当时二维地震资料精度所限，目标落实难度大，同时，源储匹配性差。故而，玛湖斜坡区首次勘探除玛北油田外，再无其他发现。至此，玛湖斜坡区勘探长期陷入停滞。

2005 年对环玛湖凹陷斜坡带开展新一轮的整体研究，统一了该区域的地震和地质层序，重新建立起了构造格架、构造演化与沉积充填之间的关系，指明了油气运聚具体方向。经过 5 年的地质研究和技术攻关，2011 年 6 月部署了玛 131 井，该井在三叠系百口泉组首获工业油流，标志着玛湖斜坡区百口泉组勘探获得重大突破，从而拉开了玛湖斜坡区油气勘探的序幕。同时提出了玛湖斜坡区三叠系百口泉组为缓坡型扇三角洲沉积体系的新认识并建立了"扇控大面积成藏模式"。在此成藏认识指导下，先后在玛北、玛西、玛东斜坡区发现了一系列油藏；同时，玛南斜坡区在"一砂一藏、叠置连片"成藏模式指导下，勘探连续获得突破；纵向上，除三叠系百口泉组外，二叠系乌尔禾组也获得了工业油流，整个凹陷区呈现出"满凹含油、立体成藏"的格局。至此，继西北缘断裂带之外又一个新的百里油区诞生。

为了全面和深入地了解玛湖凹陷斜坡区整体沉积体系演化和储层发育情况，特别是突出对储层微观特征的了解，本书以玛西、玛北和玛东的三叠系百口泉组、二叠系乌尔禾组为研究对象，通过物源分析、岩石成因类型的划分和单井相、剖面相、平面相、测井相的研究，确定了宏观上沉积相与沉积微相类型。在此基础上，从储层孔隙类型、储层物性、储层成岩作用和储集空间形成机理以及储层敏感性研究入手，重点研究了储层的微观特征，深入分析和探讨了储层物性与含油性关系以及优质储层平面分布特征。此外，鉴于对玛西地区百口泉组所做的不同孔隙类型渗流特征分析，本书重点介绍了实验室渗流实验分析技术和砾岩储层微观结构表征；同时，还对玛湖凹陷二叠系砂砾岩储层沸石类矿物成因及沉积环境进行了分析研究。

本书是对玛湖凹陷斜坡区二叠—三叠系沉积储层研究成果的系统总结和提炼，特别是镜下储层微观特征的分析，为今后该区储层微观特征的深化研究奠定了基础。由于玛湖凹陷不同斜坡区研究成果和资料缺乏系统性和完整性，加之资料繁杂、出处各异，故在各类成果、认识、观点的吸收和消化上必定存在不足和不妥，在文档组织和文字表述上也会存在谬误和不当，谨请批评指正。

目录 /CONTENTS

第一章 概　述

第一节　地质概况

一、地理概况

　　玛湖地区位于中国新疆维吾尔自治区克拉玛依市及和布克赛尔蒙古自治县，地理上属于准噶尔盆地西北缘，北至红旗坝地区，西侧包含夏子街、乌尔禾、风城、克拉玛依、百口泉油田主断裂下盘，西南至中拐凸起，东南以达巴松凸起中线为界，东部包含夏盐凸起，主体包含玛湖凹陷及其周缘（图1-1），面积约7300km²。按照地理方位又将其细分为玛北地区、玛西地区、玛南地区和玛东地区四个区块。区内地势平坦，平均地面海拔约320m，地表为戈壁，少见植被。年温差悬殊，夏季干热，最高气温可达40℃以上，冬季寒冷，最低气温可达−30℃以下。降雨量少，蒸发量大，属大陆干旱气候。有油田简易公路经过附近，奎北铁路横穿该区北部，地面交通较便利，具备一定的地面开发条件。

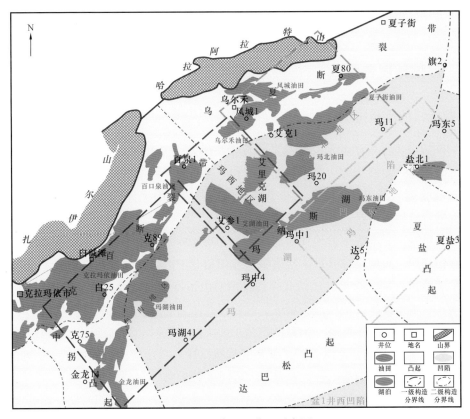

图1-1　玛湖地区位置示意图

玛湖凹陷是准噶尔盆地一级构造单元中央坳陷北部的一个二级构造单元，根据盆地构造格局和沉积样式可将玛湖凹陷划分为玛湖西环带和东环带两个斜坡区。其中，玛湖西环带包括玛北、玛西、玛南地区；玛湖东环带为玛东地区。玛湖西环带位于玛纳斯湖以西区域，构造上位于准噶尔盆地中央坳陷玛湖凹陷西斜坡带，包括西部隆起乌尔禾—夏子街断裂带（乌—夏断裂带）、克拉玛依—百口泉断裂带（克—百断裂带）及中拐凸起北段，西与百口泉油田相连，东至和布克赛尔蒙古自治县边界，北连夏子街地区，南至中拐凸起。玛湖凹陷东环带位于玛纳斯湖以东区域，构造上位于准噶尔盆地中央坳陷玛湖凹陷东斜坡带，东至三个泉凸起，北与英西凹陷相连，南至达巴松凸起。玛湖凹陷斜坡区紧邻玛湖凹陷生烃中心，构造位置有利，是油气从凹陷向西北缘断裂带运移的必经之地，易聚集成藏，具有良好的勘探潜力。

玛湖凹陷斜坡区油气勘探始于 20 世纪 80 年代，经过 30 余年的持续探索，先后经历了寻找构造油藏、岩性油藏到大面积成藏的转变，在二叠系下乌尔禾组和三叠系百口泉组发现了一系列油藏。特别是 2005 年以来，通过玛湖凹陷新一轮整体研究，深化了地质认识，明确了斜坡区二叠—三叠系不整合面之上的三叠系百口泉组具有巨大勘探潜力，提出了玛湖斜坡区百口泉组为缓坡背景下扇三角洲沉积体系，突破陡坡洪积扇的传统认识，认为广大斜坡区发育扇三角洲前缘有利储层，开辟了前缘相带大面积砾岩勘探新领域。

本书涉及的研究区包含 4 个地理分区，分别是玛北、玛西、玛南和玛东地区，大致分界如图 1-1 所示。研究过程中为了便于对比，玛西地区可能会包含玛南地区的玛湖 1 井区，而玛北地区可能会包含玛西地区的玛 18 井区等，从而覆盖整个玛湖凹陷及周缘地区。

研究层位包括三叠系百口泉组和二叠系下乌尔禾组。

二、区域地质背景

1. 构造特征及演化

玛湖凹陷属于准噶尔盆地一级构造单元中央坳陷，是其最北部的一个二级构造单元，紧邻西部隆起乌—夏断裂带、克—百断裂带和中拐凸起。构造特征成排排列，背斜沿构造带呈串珠状排列。深层石炭系、二叠系局部构造发育，中生界为单斜构造，倾向南东方向，局部发育低幅度平台、背斜或鼻状构造。

早二叠世晚期，准噶尔盆地周缘海槽已全部褶皱成山，由于盆地周缘褶皱山系向盆地冲断的推覆作用，致使早二叠世末准噶尔盆地中相对于边缘冲断推覆带形成了西北缘前陆盆地。中二叠世—晚二叠世盆地西北缘边缘褶皱山系持续向盆地内挤压推进。早三叠世，由于准噶尔盆地整体抬升地层遭受剥蚀，盆地西北缘大部分区域缺失该时期沉积地层，随后盆地西北缘地区进入了沉降—抬升的震荡发展阶段，该时期为盆地西北缘构造最为活跃的阶段（表 1-1）。盆地西北缘受到了强烈的构造挤压、扭压应力，形成了一系列的冲断、褶皱、不整合及超覆等构造组合，并发育大量同沉积断裂。

玛湖凹陷西环带的构造演化历程为：（1）早二叠世佳木河组沉积时期，准噶尔盆地西北缘玛湖凹陷西部和南部为前陆盆地沉积，玛湖凹陷沉积中心位于玛南地区（图 1-2a）；

（2）早—中二叠世沉积时期，玛湖凹陷沉积中心由南向北迁移，沉积厚度高值区由南向北逐层迁移（图1-2b、c）；（3）玛湖凹陷稳定发育期：随着早二叠世西北缘前陆坳陷期的结束，中—晚二叠世是玛湖凹陷大规模稳定发育时期，此时的玛湖凹陷接受了巨厚的二叠系细粒沉积（图1-2d、e）；（4）玛湖凹陷消亡期：三叠纪玛湖凹陷基本消亡，地形平坦，玛湖凹陷南北沉积厚度差别不大（图1-2f），开始了坳陷型盆地发育期；（5）伴随着燕山构造运动，玛湖地区玛湖和玛湖南隆起构造开始发育（图1-2g），新生代喜马拉雅构造运动使玛湖凹陷北部地区明显抬升，隆起构造特征持续发育（图1-2h）。

表1-1　准噶尔盆地地层层序及构造演化阶段表

界	系	统	西北缘		地震波组	东北缘		地震波组	接触关系	演化阶段	构造运动
			群、组	代号		组	代号				
新生界	第四系			Q	TQ$_1$		Q		不整合	类前陆型陆相盆地	喜马拉雅运动Ⅱ
	新近系			N	TN$_1$		N		不整合		喜马拉雅运动Ⅰ
	古近系			E	TE$_1$ TK$_2$	东沟组	K$_2$d	Te$_1$ Tk$_4$	不整合	振荡型陆内坳陷型盆地	燕山运动Ⅲ
中生界	白垩系	上统	艾里克湖组	K$_2$a		连木沁组	K$_1$l				
		下统	吐谷鲁群	K$_1$tg		胜金口组	K$_1$s	Tk$_3$			
						呼图壁河组	K$_1$h	Tk$_2$			
					Tk$_1$	清水河组	K$_1$q	Tk$_1$	不整合		燕山运动Ⅱ
	侏罗系	上统	齐古组	J$_3$q		齐古组	J$_3$q		不整合		燕山运动Ⅰ
		中统	头屯河组	J$_2$t	Tj$_4$	头屯河组	J$_2$t	Tj$_4$			
			西山窑组	J$_2$x	Tj$_3$	西山窑组	J$_2$x	Tj$_3$			
		下统	三工河组	J$_1$s	Tj$_2$	三工河组	J$_1$s	Tj$_2$			
			八道湾组	J$_1$b	Tj$_1$	上八道湾组	J$_1$b$_2$				印支运动
						下八道湾组	J$_1$b$_1$	Tj$_1$	不整合		
	三叠系	上统	白碱滩组	T$_3$b	Tt$_3$	郝家沟组	T$_3$h				
						黄山街组	T$_3$hs				
		中统	上克拉玛依组	T$_2$k$_2$	Tt$_2$	克拉玛依组	T$_2$k				
			下克拉玛依组	T$_2$k$_1$				Tt$_2$			
		下统	百口泉组	T$_1$b	Tt$_1$ Tp$_5$	烧房沟组	T$_1$s	Tt$_1$	不整合		晚海西Ⅴ
						韭菜园子组	T$_1$j		不整合		
古生界	二叠系	上统	上乌尔禾组	P$_3$w		梧桐沟组	P$_3$wt	Tp$_3$	不整合	前陆盆地	晚海西Ⅳ
		中统	下乌尔禾组	P$_2$w	Tp$_4$	平地泉组	P$_2$p	Tp$_2$ Tp$_{1-1}$	不整合		晚海西Ⅲ 晚海西Ⅱ
			夏子街组	P$_2$x	Tp$_3$	将军庙组	P$_2$j		不整合		晚海西Ⅰ
		下统	风城组	P$_1$f	Tp$_2$	金沟组	P$_1$jg	Tp$_1$		前陆型残留海相盆地	中海西运动
			佳木河组	P$_1$j	Tp$_1$				不整合		
	石炭系	上统	太勒古拉组	C$_2$t		石钱滩组	C$_2$s			前陆型海相盆地	
						上巴塔玛依内山组	C$_2$b$_2$				
						下巴塔玛依内山组	C$_2$b$_1$				
		下统	包谷图组	C$_1$b		滴水泉组	C$_1$d				
			希贝库拉斯组	C$_1$x		塔木岗组	C$_1$t				

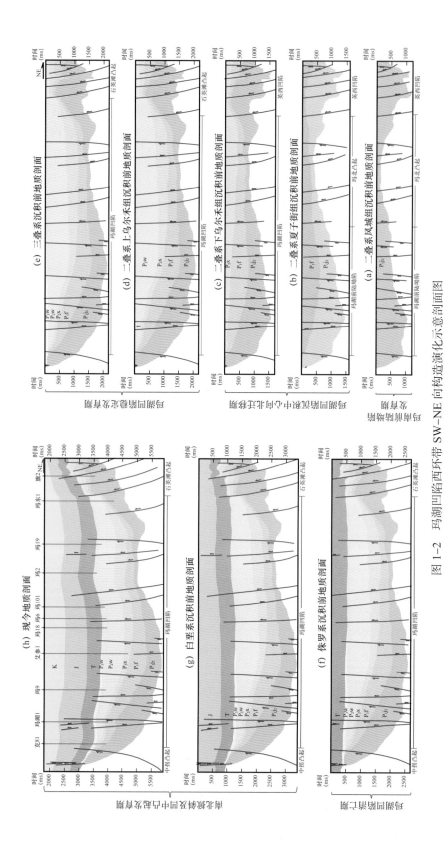

图 1-2 玛湖凹陷西环带 SW-NE 向构造演化示意剖面图

从构造位置上分析，位于玛湖凹陷生油中心与断裂带的斜坡区构造位置优越，位于油气运移指向区，有利的储盖组合及油气运移通道可形成重要的油气富集区。

2. 地层发育特征

根据地震资料与钻探资料，玛湖凹陷地层发育较全（图1–3），自下而上主要包括石炭系（C），下二叠统佳木河组（P_1j）、风城组（P_1f），中二叠统夏子街组（P_2x）、下乌尔禾组（P_2w），上二叠统上乌尔禾组（P_3w），下三叠统百口泉组（T_1b），中三叠统克拉玛依组（T_2k），上三叠统白碱滩组（T_3b），下侏罗统八道湾组（J_1b）、三工河组（J_1s），中侏罗统西山窑组（J_2x）、头屯河组（J_2t），以及白垩系吐谷鲁群（K_1tg）。其中，二叠系与三叠系、三叠系与侏罗系、侏罗系与白垩系为区域性不整合。

主要地层岩性特征如下：

石炭系（C）：岩相类型复杂，火山岩极为发育，目前未钻穿，钻遇岩性上部主要为灰色灰质泥岩及泥岩，中部及下部以大套的火山岩为主（凝灰岩、玄武岩及火山熔岩等）。

佳木河组（P_1j）：佳木河组沉积时期，沉积物主要分布于准噶尔西北缘和中央坳陷大部分地区。沉积总体特征西部厚、东部薄，呈楔状，西北缘的沉积中心位于乌—夏断裂带、克—百断裂带、车排子—红山嘴断裂带（车—红断裂带），厚度可达500m。整个西北缘佳木河组（P_1j）以碎屑岩为主夹火山岩地层，其中杂色泥岩、砂砾岩及砂岩等碎屑岩广泛发育，火山岩所占比例不到地层的三分之一，主要为凝灰岩、玄武岩和安山岩等。

风城组（P_1f）：在玛湖凹陷至盆1井西凹陷广泛分布，在西北缘断裂带附近，特别是风城地区钻揭最多，与下伏佳木河组整合接触或微角度不整合接触。内部自下而上分为三段，即风城组一段、风城组二段和风城组三段。风城组一段岩性主要为深灰色凝灰岩及流纹质角砾熔结凝灰岩；风城组二段岩性主要为深灰色薄层泥质云岩和白云质泥岩互层，局部发育膏质粉砂岩；风城组三段岩性主要为深灰色、暗棕色泥岩、砂质泥岩及泥质砂岩等不等厚互层。

夏子街组（P_2x）：分布范围与风城组相近，与下伏风城组假整合接触，自下而上分为夏子街组一段、夏子街组二段、夏子街组三段和夏子街组四段。夏子街组一段岩性主要为灰褐色砂砾岩、白云质粉砂岩、粉—细砂岩、含砾泥岩及泥质粉砂岩；夏子街组二段岩性主要为褐色砂砾岩、白云质粉砂岩、粉—细砂岩、透镜状泥岩、泥质砂岩及砂质泥岩；夏子街组三段岩性主要为灰色、灰白色的白云质粉砂岩、白云质泥岩及砂砾岩；夏子街组四段岩性主要为灰褐色的砂砾岩、泥岩及泥质粉砂岩。

下乌尔禾组（P_2w）：一般厚800~1200m，顶部为厚层褐色泥岩，中上部为褐色、灰绿色砂砾岩，中下部为泥质粉砂岩、砂砾岩、含砾砂层互层。

上乌尔禾组（P_3w）：一般厚150~300m，依岩性旋回分为两段，两端为棕红色泥质小砾岩及泥质不等粒小砾岩、绿灰色砂砾岩，中间主要为杂色泥岩。

百口泉组（T_1b）：一般厚100~200m，主要为灰色泥岩、砂砾岩、褐色泥岩及含砾砂岩。根据岩性、电性特征及沉积旋回，三叠系百口泉组共分为三段，自下而上依次为百口泉组一段、百口泉组二段和百口泉组三段。百口泉组一段为灰色泥岩夹灰色砂砾岩；百口泉组二段为厚层灰色砂砾岩；百口泉组三段为厚层褐色砂砾岩、泥岩。百口泉组三段和二段全区广泛分布，百口泉组一段分布范围则较小，在中拐凸起高部位和玛东地区遭受剥蚀。

克拉玛依组（T_2k）：一般厚250～500m，主要为灰色，褐色砂砾岩，粉砂质泥岩及灰色、棕色泥岩不等厚互层。

白碱滩组（T_3b）：一般厚100～500m，主要为厚层灰色泥岩、粉砂质泥岩，偶夹泥质粉砂岩。

八道湾组（J_1b）：一般厚70～700m，依岩性旋回可分为三段。下段为含砾不等粒砂岩、细砂岩与砂砾岩不等厚互层及泥质粉砂岩互层；中段主要为泥质粉砂岩，部分地区可见少量泥岩地层；上段为灰色中—细砂岩与泥岩不等厚互层，偶见煤层。

三工河组（J_1s）：一般厚80～300m，岩性以灰色、灰黑色泥岩为主，夹薄层灰白色粉—细砂岩。

西山窑组（J_2x）：一般厚80～200m，岩性为灰白色泥岩及灰白色、灰绿色砂岩夹煤层，中上部为灰白色泥岩与灰绿色细砂岩夹煤层，底部为中—细砂岩。

头屯河组（J_2t）：一般厚90～200m，底部具有少量泥岩条带，中上部主要为灰白色细砂岩与砂岩不等厚互层。

吐谷鲁群（K_1tg）：呈平行或角度不整合覆盖于侏罗系之上。中上部主要为灰色、浅灰色泥质砂岩与砂质泥岩互层；底部为灰色砂砾岩。

3. 沉积特征及演化

根据研究区的区域性不整合分布和沉积充填序列，可将研究区的地层划分为6个主要的构造—沉积层序：下二叠统佳木河—风城组构造层；中二叠统夏子街组和下乌尔禾组构造层；上二叠统上乌尔禾组构造层；三叠系构造层；下侏罗统八道湾组、三工河组和中侏罗统西山窑组构造层；中侏罗统头屯河组构造层。

1）早二叠世佳木河—风城组沉积时期沉积及演化

早二叠世佳木河—风城组沉积时期，西准噶尔地区处于前陆盆地发育的早期，为弱挤压背景下间夹短暂松弛阶段的盆地环境，表现为佳木河组沉积时期具有明显的火山活动，但火山活动逐渐减弱；风城组沉积时期的构造环境已向稳定方向发展，例如，玛湖凹陷虽然具有西深东浅的不对称地质结构，但已成为一个大型湖泊盆地。

佳木河组沉积时期发育了一套碎屑岩与火山岩混合沉积，发育水下扇为主，三坪镇—五区局部发育扇三角洲。水下扇主要分布于车拐、五区南、百口泉、乌尔禾及夏子街地区，总体为一套火山岩及砾质粗碎屑岩组合。而风城组沉积时期是西北缘二叠纪主要的湖（海）泛时期之一，湖侵范围明显扩大，湖相沉积占了主导地位，岩性组合以白云质泥岩和泥岩互层为特征。

2）中二叠世夏子街—下乌尔禾组沉积时期沉积及演化

夏子街组沉积时期与下乌尔禾组沉积时期分别经历了两次湖侵过程，构造活动也分别由强逐渐变弱，这表明前陆盆地的发育期受周缘冲断活动的间隙式或幕式活动影响，盆地的构造沉降也经历了由快变慢的周期性活动过程，相反沉积充填表现为由粗变细的旋回沉积，表现出前陆盆地周缘冲断的挠曲沉降响应与幕式活动特点。

夏子街组沉积时期物源供给丰富，在平面上形成了主要由扇三角洲相—湖泊相组成的展布特征。夏子街组中下部主要由一套较厚的砂质砾岩、小砾岩夹砂岩组成的扇三角洲平原亚相，而上部及顶部则为相对较薄的砾质砂岩、砂岩夹泥岩沉积，组成较细粒扇三角前缘亚相，在垂向上形成了夏子街组的退积型沉积序列。而下乌尔禾组沉积时期是研究区主要的湖泛期之一，沉积相主要由水下扇相、扇三角洲相和湖泊相构成，扇体主要分布于克拉玛依以东和以北地区，湖泊相广泛分布于扇体以南和扇体间地区。下乌尔禾组沉积时期沉积在平面上从盆地边缘向盆地内部具有扇根—扇中—扇缘—滨湖亚相—浅湖亚相沉积序列或扇三角洲平原—扇三角洲前缘—前扇三角洲—滨浅湖亚相—半深湖亚相的沉积充填模式，具有盆地边缘沉积较粗、向内部变细的沉积特点；在垂向上，表现为砂砾岩与泥岩、砂岩互层，总体上为退积型沉积序列。

3）晚二叠世上乌尔禾组沉积时期沉积及演化

上乌尔禾组沉积时期是准噶尔盆地西北缘前陆冲断活动的最强时期，前陆冲断带的前锋基本达到其现今部位。二叠纪的冲断活动表现出前展式特点。经过佳木河组沉积时期—风城组沉积时期的调整，夏子街组沉积时期、下乌尔禾组沉积时期幕式冲断活动，至上乌尔禾组沉积时期的强烈活动期，前陆盆地达到其最强盛时期，表现出前陆盆地的典型发育历程。上乌尔禾组与下三叠统呈区域性不整合，表明上乌尔禾组沉积末期发生过区域性构造抬升运动，因此上乌尔禾组沉积时期完整的构造沉积演化表现为早期构造抬升、中晚期构造沉降至末期构造抬升的变化过程。

上乌尔禾组沉积时期盆地边缘的断裂活动进一步增强，沉积相与前期沉积有明显不同的风格，粗碎屑岩相沉积范围扩大，包括冲积扇相、水下扇相、辫状河流相和湖泊相4种。其中水下扇相最为发育，分布于中拐以东（北）的大部分地区，且扇体规模巨大，形成一个统一的扇体。冲积扇相和辫状河流相仅分布于车排子地区，构成了该地区上乌尔禾组沉积相格架的主体。

4）三叠纪沉积及演化

三叠纪的断裂活动、古流向变化与沉积充填特征清楚地表明冲断活动逐渐减弱的特点，断裂活动呈后退式，反映挤压活动的逐步减弱；相应的物源区也在后退，河流具有溯源侵蚀特点；每一时期的活动具有周期性，出现4期幕式冲断活动特征；不同带之间的活动差异明显，其间常为水体稍深部位的沉积。

印支运动期间，哈拉阿拉特山地区急剧抬升，断裂活动增强，三叠纪沉积中心主要在百口泉—夏子街一带。三叠统的百口泉组与上二叠统乌尔禾组形成区域不整合。

早三叠世，百口泉组与下伏地层为明显的不整合接触，表明二叠纪末期该区曾发生过大规模的构造运动。百口泉组仅分布在拐150井、克75井和554井连线的北东侧。西南侧的车排子地区、中拐凸起及红山嘴地区没有沉积。粗碎屑也主要分布在扇体发育区，向南西及盆地方向递减。

中三叠世早期（下克拉玛依组沉积时期）沉积相类型丰富，有冲积扇相、水下扇相、扇三角洲相、三角洲相和滨浅湖相，盆地内部大部分地区发育滨浅湖相。下克拉玛依组顶部有一层紫红—灰色泥岩，分布广，为湖相沉积物。早三叠世的滨浅湖沉积一般分布于扇体前缘或其间。

中三叠世晚期（上克拉玛依组沉积时期）盆地基本继承了中三叠世早期的构造古地理格局，沉积以湖相、扇三角洲相为主，冲积扇相次之，拐148—拐10井区发育湖底扇。

晚三叠世是三叠纪最大湖侵时期，形成地层广泛超覆的时期。白碱滩组沉积时期广泛发育了一套湖相沉积，红山嘴—湖湾区及百口泉—夏子街地区，甚至变浅成为滨湖环境。

总之，由二叠纪的前展式冲断活动，到三叠纪断裂的逐步后退式发育，完整地揭示了一个前陆冲断带由盛而衰的活动过程。与此对应，前陆盆地体系由分割到统一，由不对称充填到完整掩埋，三叠纪末期的构造隆升造成了冲断带及其后缘造山带较大强度的削顶与剥蚀。

5）早侏罗世八道湾组沉积时期—中侏罗世西山窑组沉积时期沉积及演化

早侏罗世—中侏罗世早期，准噶尔盆地西北缘处于构造活动的宁静期。在原来的叠瓦冲断楔之上发育了稳定的楔顶沉积，具有超覆特征。盆地内部主要为河流—三角洲相沉积。将其与整个盆地乃至整个西北地区的同期沉积相联系，为一套弱伸展背景下的沉积组合。除早侏罗世形成规模巨大的扇体裙外，中侏罗世和晚侏罗世扇体的发育程度和规模均较三叠纪扇体明显小得多，表明构造活动从早期到晚期有逐渐减弱的趋势。

早侏罗世早期（八道湾组沉积时期）沉积经历了冲积扇→砂质辫状河→辫状平原→网状河→网状平原→扇三角洲向湖相沉积的过程。早侏罗世晚期（三工河组沉积时期）是西北缘地区构造活动相对平静期，是侏罗纪最大湖侵，湖水边界大部分漫过克乌断裂上盘，物源主要来自扎伊尔山和哈拉阿拉特山。本组岩性以灰、灰绿、深灰色泥岩为主，地层厚50～120m，最厚205m，与下伏八道湾组连续沉积。断裂上盘厚度较小、下盘较大，向东南斜坡方向厚度增大。岩性特征总的来说较细，以泥岩为主。中侏罗世早期西山窑组沉积时期处于构造活动相对平静，古地理面貌类似三工河组沉积时期，只是湖水略浅，植被较发育。该组岩性以深灰、灰黑色泥岩为主，含薄煤层及大量植物化石。

6）中侏罗世头屯河组沉积时期沉积及演化

中侏罗世头屯河组沉积时期，沉积特征与西山窑组沉积时期既有一定的继承性，但也有明显的变化，与西山窑组沉积时期相比，湖水再度收缩，水体变浅，扎伊尔山和哈拉阿拉特山虽仍为主要物源区，但活动相对稳定，特别是哈拉阿拉特山碎屑物质供应量较三叠纪和早—中侏罗世显著减弱。

头屯河组下部为杂色泥岩夹砂砾岩，灰绿色、棕红色泥岩夹砂岩，与下伏地层之间呈侵蚀关系，地层厚度变化大。断裂带附近厚度变化大，反映断裂仍有生长活动。如克—夏主断裂上盘较薄，一般小于100m，下盘较厚（100～250m）。

头屯河组上部为一套紫红、褐红色砂岩、泥岩互层，夹少量灰绿色、灰白色泥岩和砂岩，底部具底砾岩，与下伏地层呈不整合接触，其上为白垩系吐谷鲁组。全组地层平均厚200m左右，最大577m（九区286井）。车排子断裂以西地区全被剥蚀，夏子街断裂以北地区部分被剥蚀。厚度最大处位于克—乌断裂带附近，上盘厚度较小（100～200m），下盘厚度较大（300～400m）。

头屯河组沉积时期代表了西北缘冲断体系一个小的活动时期，虽然构造活动并不像二叠纪那样强烈，但所造成的影响却无比深刻。它将二叠纪末期—三叠纪期间聚集的烃类进行改造，石油向上逸散，或形成稠油沥青封堵。

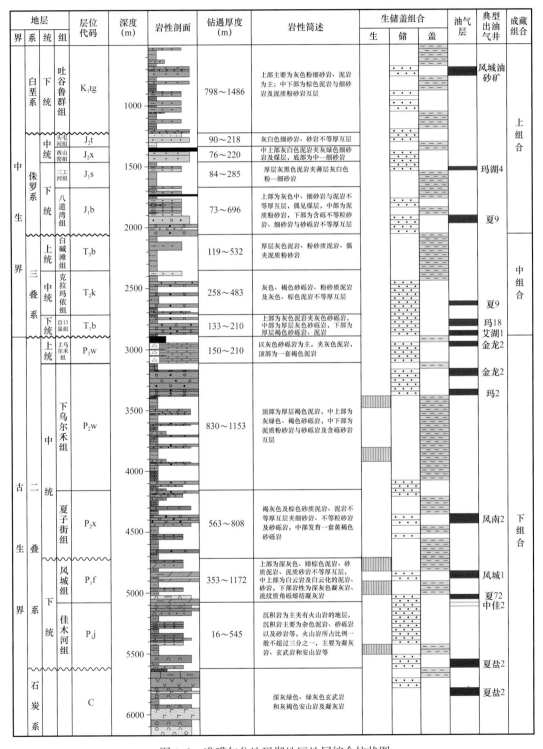

图 1-3　准噶尔盆地玛湖地区地层综合柱状图

4. 油气成藏条件

通过对研究区油气成藏条件的细致分析，结合与国内外已有研究实例的对比，发现玛湖凹陷研究区具有形成大油区的三大有利基础条件：前陆碱湖优质高效烃源岩，立体输导体系及三类规模有效储层与储盖组合。在这三大有利背景与基本条件的控制下，油气通过立体的输导体系及跨层动态运聚演化，在有利的目标层位/层系聚集成藏，形成垂向上多层系的有利勘探领域。

1）前陆碱湖优质高效烃源岩

玛湖凹陷是准噶尔盆地迄今经勘探所证实的最富生烃凹陷，其优质烃源岩主要分布于二叠系。二叠系具有典型的前陆盆地沉积特征，由下至上共发育石炭系、下二叠统佳木河组、风城组及中二叠统下乌尔禾组4套烃源岩，其中风城组为主力烃源岩。风城组优质烃源岩平面分布面积约3800km²，厚度50～300m，有机碳含量0.14%～12.35%，平均1.34%。有机质类型较好，烃源岩热解氢指数23～626mg/g，主要为100～500mg/g，其中200～400mg/g的样品占80%，400mg/g以上的样品占14%，有机质类型以Ⅰ—Ⅱ₁型为主，因此具有优越的生烃潜力。

风城组烃源岩可能属于一类新的湖相（碱湖）优质烃源岩。如图1-4所示，风城组烃源岩系中碱性矿物普遍发育，说明其可能形成于碱湖沉积环境。碱湖水体生物贫乏，但菌藻类发育，以菌藻类为主的生油母质，其生油潜力比咸水湖盆要大。以泌阳凹陷为例，该凹陷发育典型的陆相碱湖烃源岩，与咸水湖相的江汉潜江凹陷和柴达木茫崖凹陷的含碳酸盐烃源岩相比，有机质含量要高出2～7倍，烃含量高出2～8倍；与全球18个海相盆地碳酸盐岩烃源岩相比，有机质含量高出7倍，氯仿沥青"A"含量高出2～3倍。因此，碱湖环境烃源岩的有机质是"富化了富氢组分"的有机质，且烃转化率高，属于好—极好级别的湖相优质烃源岩。

较之风城组，佳木河组和下乌尔禾组烃源岩的质量要差一些。其中，佳木河组烃源岩厚度50～225m，有机质丰度中等—好，但有机质类型偏腐殖型，以Ⅱ—Ⅲ型为主，加之演化程度高，因此目前以生气为主，生油为辅；下乌尔禾组烃源岩厚度50～250m，有机质类型以Ⅱ型为主，烃源岩演化程度相对较低，R_o平均为1.12%，因此生烃潜力相对有限。

综上所述，玛湖凹陷发育多套优质烃源岩，既可生油，也可生气，以可形成大油气区。并且以风城组为主的前陆盆地碱湖优质烃源岩是这一大油（气）区形成的首要基础，提供了优越的油气源条件。这是全球目前发现的最古老碱湖烃源岩沉积，成烃极具特色，不仅优质，而且高效，在玛湖凹陷区发现的原油普遍高熟轻质且含气。

2）立体输导体系

研究发现，玛湖凹陷发育立体油气输导体系，包括断层、不整合面与砂体，为油气运聚成藏提供良好的基础条件。玛湖凹陷主要存在北东向和北西—北西西向两组断裂，第一组断裂控制了山前冲断带、玛湖背斜和达1井背斜等构造的发育；第二组断裂具有调节、走滑断裂的性质，断裂陡直，多数被三叠系不整合覆盖，后期活动微弱。两组断裂在山前

(a) 风南5井, 4066.04~4073.32m
P_1f_2, 含碳酸钠钙石泥质硅硼钠石岩

(b) 风20井, 3154.64m
P_1f_2, 天然碱

(c) 风南5井, 4069.08m
$P_1f_2^2$, 天然碱

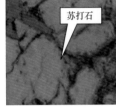

(d) 风南5井, 4072.3m
$P_1f_2^2$, 苏打石岩

(e) 风南1井, 4275.9m
P_1f_1, 含泥白云质粉砂岩

(f) 艾克5井, 5566.38m
含碳酸钠钙石泥质硅硼钠石岩

(g) 艾克5井, 5566.38m
P_1f_2, 含粉砂质泥岩

图 1-4 玛湖凹陷风城组碱湖沉积典型矿物照片

断裂带、玛湖背斜和达 1 井背斜等主体构造部位向下切穿以风城组为主的优质烃源岩系向上与三叠系底不整合面沟通，并被三叠系巨厚泥岩封盖，油气可以跨层运聚（图 1-5）。应用声波时差测井资料和盆地模拟技术对玛湖凹陷的异常超压进行研究发现，在被三叠系不整合覆盖的断裂发育区，二叠系下部与上部的压差较小，而与三叠系盖层之间的压差较大，显示断裂构造在油气充注期具有输导作用。

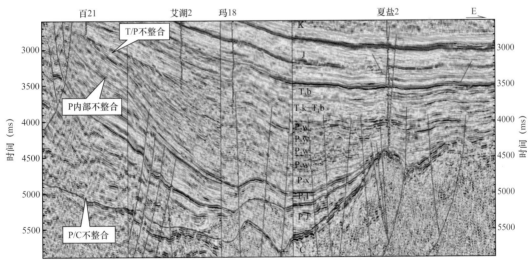

图 1-5 过百 21 井—艾湖 2 井—玛 18 井—夏盐 2 井地震剖面

国内外大量油气勘探实践和研究已经证实，不整合对大油气田的形成具有重要作用，包括形成油气运移的高速通道和地层不整合型圈闭 / 油气藏等。玛湖凹陷研究区存在多套不整合，包括二叠系与石炭系、三叠系与二叠系两大区域不整合，以及二叠系内部的局部不整合（如夏子街组与风城组之间的不整合等），存在火山岩侵蚀潜山超覆不整合（玛北

1地区）、断隆超覆不整合（夏盐2地区）及削蚀不整合（风城组顶面、二叠系顶面）等类型。三叠系与二叠系之间的不整合面是区域性的，在玛湖凹陷研究区，切穿二叠系烃源岩层的断裂、不整合面与不整合面上、下有效的储集岩，形成了有效的输导体系。

3）规模有效储层与储盖组合

如前所述，玛湖凹陷可以生成丰富油气，它们在立体的输导体系沟通下，当受到区域性优质盖层的封堵与保护时进入储层形成大规模油气聚集。研究发现，玛湖凹陷区垂向共发育有三套区域性优质盖层，分别是中—上三叠统的湖相泥岩、中二叠统的湖相泥岩以及下二叠统（云质）泥岩。其中，中—上三叠统克拉玛依—白碱滩组为湖相泥岩，厚度500～900m；中二叠统下乌尔禾组区域上整体发育厚层泥岩，厚度达到300～1200m；风城组泥岩地层厚度200～1000m，优质（云质）泥岩盖层主要在凹陷内发育。

研究发现，玛湖凹陷研究区发育多种成因类型的储层，并以冲积扇—三角洲砂砾岩、云质岩及火山岩三大类规模有效储层相对最为优质（表1-2）。其中，扇三角洲砂砾岩储层主要发育于下三叠统百口泉组、上二叠统上乌尔禾组，砂砾岩叠置连片，厚度40～140m，有利前缘亚相分布面积5000km²。储层整体表现为低孔低渗，有效储层可分为3类：Ⅰ类储层以灰色含砾粗砂岩及灰色粗砂质细砾岩为主，孔隙度大于10%，渗透率大于5mD，直井小规模压裂改造可获较高产量（图1-6a、d）；Ⅱ类储层为灰色砂质中细砾岩，孔隙度8%～10%，渗透率1～5mD，直井大规模压裂改造可获工业油流；Ⅲ类储层以灰色中细砾岩、钙质砂质中细砾岩及灰绿色泥质胶结砂质细砾岩为主，孔隙度7%～9%，渗透率0.5～1mD，水平井大规模压裂改造可获工业油流，为目前的勘探主力层。此外，下二叠统风城组和中二叠统的下乌尔禾组也发育一些砂砾岩储层，尽管目前研究程度相对较低，但也是潜在的有利目标，是下步勘探重要的接替领域。

云质岩储层主要发育于下二叠统风城组，这是国内外比较有特色的一类储层，主要为白云质粉砂岩及泥质云岩等（为命名简洁，利于勘探使用，统称为"云质岩"）（图1-6b、e）。玛湖凹陷研究区云质岩系分布面积约6698km²，厚度普遍大于200m，目前已有多井钻遇，并先后在风3井、风城1井及风南5井获得高产油气流。在玛湖凹陷中部及东南部，目前虽尚无井钻遇风城组，但通过地震追踪及多属性测井响应分析，发现云质岩及有利储层同样发育。

火山岩储层主要发育在石炭系—下二叠统佳木河组和风城组中。其中，石炭系—佳木河组普遍发育火山岩，存在7～30Ma沉积间断，火山岩顶部300m范围内可形成风化壳有效储层。风城组一段火山岩主要分布在乌尔禾—夏子街地区，分布面积约1677km²，厚度10～34m。研究发现，这类火山岩储层受孔隙和裂缝双重介质控制，储层物性相对较好，且溶孔及裂缝发育，具备高产的储层条件（图1-6c、f）。裂缝发育程度对储层物性起着重要作用，背斜发育区为构造应力集中区，小型断裂及裂缝发育能有效改善储层物性。

由此可见，玛湖凹陷研究区垂向发育三套区域性优质盖层，对油气运移逸散形成封堵，在三类有效储层中规模聚集，形成三大储盖组合。一是百口泉组、乌尔禾组砂砾岩作储层，中—上三叠统湖相泥岩作盖层；二是风城组致密油源储共生，层内云质岩和上覆中二叠统下乌尔禾组湖相泥岩作盖层；三是石炭—二叠系深大构造的碎屑岩、云质岩和火山岩作储层，层内的云质岩和下乌尔禾组泥岩作盖层。

<table>
<tr><td>(a) 玛602井, 3848.77~3849.2m
T₁b, 中砾岩</td><td>(b) 风5井, 3475.38~3475.62m
P₁f, 含硅质泥质云岩</td><td>(c) 克81井, 3892.6~3892.7m
P₁f, 气孔状玄武岩</td></tr>
</table>

(a) 玛602井, 3848.77~3849.2m T_1b, 中砾岩   (b) 风5井, 3475.38~3475.62m P_1f, 含硅质泥质云岩   (c) 克81井, 3892.6~3892.7m P_1f, 气孔状玄武岩

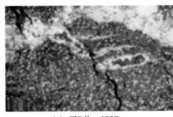
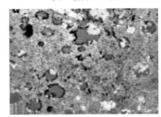

(d) 玛18井, 3915.8m, T_1b, 砂砾岩 $\phi=13.8\%$, $K=70.7\text{mD}$ (e) 风7井, 3227m, P_1f, 含粉砂质云质泥岩 $\phi=7.65\%$, $K=1.46\text{mD}$ (f) 夏72井, 4809.72m, P_1f, 熔结凝灰岩 $\phi=21.4\%$, $K=0.321\mu\text{m}^2$

图 1-6　玛湖凹陷大油（气）区三类储层岩心和显微薄片照片

表 1-2　玛湖凹陷大油（气）区三类储层的基本特征与对比

储层	厚度 （m）	分布面积 （km²）	孔隙度 （%）	渗透率 （mD）	相类型	孔隙类型
砂砾岩	40~140	5000	>7	>0.5	扇三角洲前缘亚相	粒间溶孔、粒内溶孔、粒间孔
云质岩	>200	6698	>5	>0.2	碱湖相	晶间孔、晶间溶孔、溶蚀孔
火山岩	10~300	9000	>5	>0.1	爆发相、溢流相为主	气孔、溶蚀孔、微裂缝

5. 油气富集规律

玛湖砾岩大油区由七大油藏群组成，无统一油水边界，属大面积分布岩性地层油藏群。断坳转换期在中二叠统之上形成大型角度不整合，其上超覆沉积的低位域砾岩是主力含油层。通过湖平面升降和古地貌耦合关系分析，建立了湖侵早期—凹槽区厚层低饱和度、湖侵中期—斜坡区互层、湖侵晚期—古凸起"泥包砂"三类岩性油藏分布模式。斜坡区构造相对平缓，扇三角洲前缘亚相大面积分布，储层低渗，边底水不活跃，大面积成藏。油气富集于牵引流搬运的砾石支撑、砂质支撑的贫泥砾岩中，在地层压力高（压力系数>1.4）、油质轻（密度<0.83g/cm³）和气油比高（>100）的条件下形成高产与稳产。

1）沉积相带控制储层物性与含油气性

玛湖凹陷北部主力油层百口泉组二段自上而下分为百二段一砂组（$T_1b_2^1$）与百二段二砂组（$T_1b_2^2$）。其中，百二段一砂组中上部为滨浅湖亚相，底部为扇三角洲前缘亚相沉积，岩性主要为灰色砂砾岩、砾岩及含砾粗砂，杂基含量少，物性好，有效孔隙度7.1%~10.2%，电性表现为低伽马及中高电阻、中密度的特征，为主力油层发育段；百二段二砂组为扇三角洲平原亚相沉积，岩性主要为褐色砂砾岩，杂基含量高，电性上表现为高伽马、中电阻、中密度的特征，含油性较差（图1-7）。

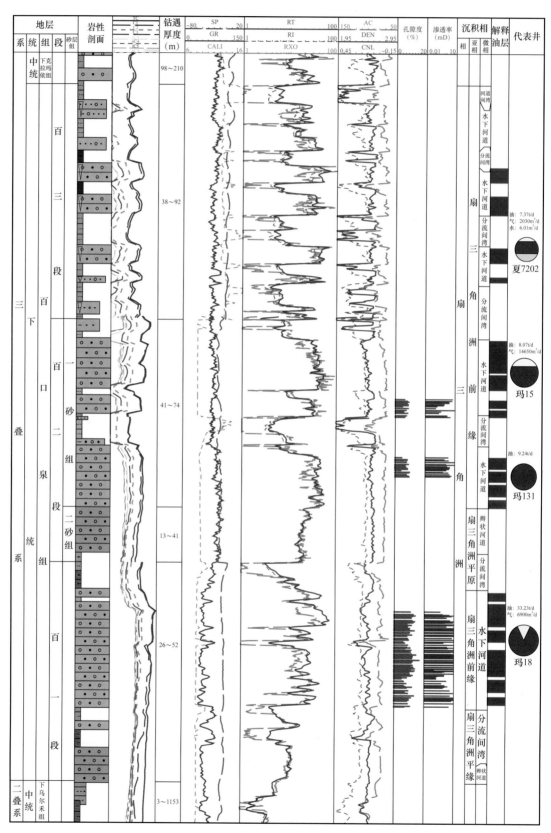

图 1-7　玛北斜坡区三叠系百口泉组综合柱状图

2）湖水进退控制相带展布与油层发育

由于百口泉组整体为湖进砂退的沉积旋回，所以扇三角洲前缘相带的分布随着层位变新逐步由盆地向老山方向退却（图1-8）。分布于玛湖凹陷斜坡区下倾方向的玛13井区百口泉组一段代表了三叠世早期低位扇的沉积特征。含油层主要分布于扇三角洲前缘相带内，相带控油气分布特征明显，其他地区多为水上环境的扇三角洲平原相带，百口泉组二段沉积时期，随着湖侵，湖岸线逐步向老山方向靠近，扇三角洲前缘相带也逐步向老山方向扩大，已扩展至斜坡区上倾方向夏201井区，对应玛131—夏72井区百口泉组二段主要含油层随着水体范围进一步扩大，百口泉组三段沉积时期扇三角洲前缘相带已退至老山附近，其他地区以滨浅湖沉积为主，因而百口泉组三段含油层主要分布于靠近老山附近。总之，随着湖平面上升，扇三角洲前缘亚相逐步向斜坡区上倾方向扩展，含油层层段逐渐变新。扇三角洲前缘亚相在垂向上控制着储层物性及含油性，在平面上控制着油气分布与富集，玛北斜坡区百口泉组油藏整体位于夏子街扇西翼扇三角洲前缘有利相带。

3）相带距物源远近控制油气的富集

根据离物源远近，将夏子街扇西翼扇三角洲前缘亚相进一步划分为玛131井区、玛15井区与夏72井区，其砂体结构与产量表现为分区发育的特点。自西南至东北方向，油层发育层位依次变新且厚度增大。玛131井区远离物源，仅发育下部砂层，含油层位为百二段一砂组下部；玛15井区扇三角洲前缘亚相水下分流河道砂体发育，呈砂泥互层结构，发育两个砂层，含油层位为百二段一砂组；夏72井区为靠近物源的扇三角洲前缘亚相，百口泉组二段砂体为块状或厚层状（砂夹泥），百口泉组三段发育互层状砂体，含油层为百口泉组二段一砂组与百口泉组三段。

玛北斜坡区油气产量统计表明，分布于扇三角洲前缘亚相中部的玛15井区位于主河道或主河道前部，产量高；而位于扇三角洲前缘亚相前部的玛131井区由于距物源远，砂砾岩厚度相对较薄，泥质含量相对较高，油气成藏条件较玛15井区稍差，产量稍低；夏72井区由于距物源近，发育较厚砂砾岩，搬运距离短且分选较差，导致储层物性较差且产量普遍较低，通过水平井改造可以获得较高产量。

6. 油气成藏模式

玛湖凹陷二叠系上乌尔禾组、三叠系百口泉组储层受退覆式扇三角洲沉积相控制，在湖侵背景下扇三角洲前缘砂砾岩体由湖盆中心向物源方向多期搭接连片，形成大面积连续型储集体。在多期断裂垂向运移、不整合面横向输导条件下，形成源上砾岩大油区整体成藏。大型退覆式扇三角洲前缘贫泥砾岩垂向叠覆于碱湖生烃灶之上，形成良好源、储空间配置。碱湖烃源岩生成早期成熟和晚期高熟两期原油。晚三叠世凹陷区砾岩埋深小于3500m，不具备封堵能力，以输导层形式将成熟原油运移至断裂带砾岩中，聚集形成克拉玛依老油区。晚白垩世凹陷主体埋深大于3500m，抗压能力弱的平原相及主槽富泥砾岩致密化，形成上倾及侧向遮挡带，与顶、底板湖泛泥岩共同构成三面遮挡立体封堵，高熟原油聚集在五大扇体前缘亚相砾岩中，叠置连片，形成玛湖大油区（图1-9）。

成藏认识经历了从跳出断裂带构造油气藏勘探到斜坡区岩性油气藏勘探，从单个岩性圈闭勘探到扇控大面积成藏再到砾岩岩性油藏群大油区4个阶段，随着地质认识深化，勘

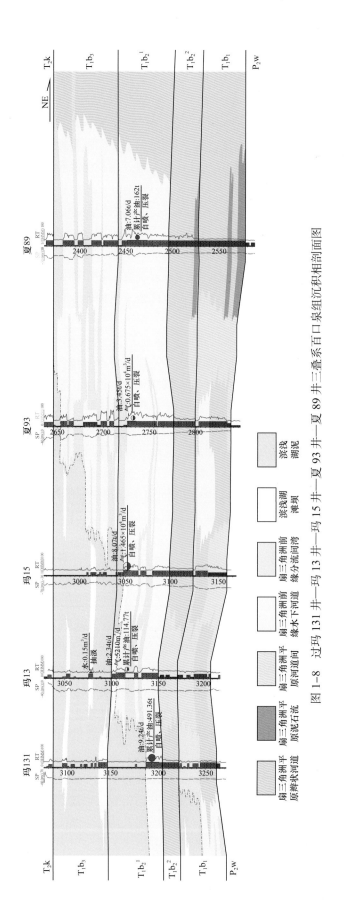

图 1-8 过玛 131 井一玛 13 井一玛 15 井一夏 93 井一夏 89 井三叠系百口泉组沉积相剖面图

探领域不断扩展，勘探连获新发现。源上砾岩大油区内涵：（1）烃源条件：风城组碱湖优质烃源岩两期生烃，源边断裂带聚集早期成熟油，源内斜坡—凹陷区以晚期高熟轻质油为主。（2）储层条件：玛湖凹陷周缘发育六大扇体，为退覆式缓坡浅水扇三角洲沉积，陆源碎屑供给充足，前缘相带有效储集体大面积发育。（3）封闭条件：玛湖凹陷斜坡区三叠系百三段发育湖相泥岩，形成区域盖层；扇体主槽部位发育杂色、褐色致密砂砾岩带，在扇三角洲前缘相带两翼形成良好的遮挡条件；上倾部位除了部分受扇三角洲平原相致密带遮挡外，断裂带也起着重要的遮挡作用；扇三角洲平原相致密层、湖相及扇间泥岩，以及断裂相互配置，形成组合式多面遮挡，为扇三角洲前缘相大面积成藏提供了良好封闭条件。（4）输导条件：玛湖凹陷斜坡区由于受到盆地周缘老山海西—印支运动期多期逆冲推覆作用的影响，发育一系列具有调节性质、近东西向的高角度走滑断裂，成为源上跨层运聚的垂向通道；二叠—三叠系大型不整合面为侧向运移通道。（5）聚集条件：玛湖凹陷斜坡区构造格局形成于白垩纪早期，构造较为简单，基本表现为南东倾的平缓单斜，局部发育低幅度背斜、鼻状构造和平台，三叠系百口泉组倾角为2°～4°，相对平缓的构造背景使得原油不易运移、调整逸散，有利于形成大面积连续型油藏。

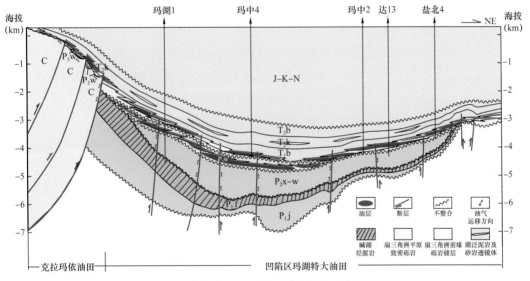

图 1-9　玛湖特大型油田源上砾岩大油区成藏模式图

第二节　油气勘探开发历程

一、勘探历程

1. 初上玛湖斜坡寻找构造油藏，发现玛北油田（1981—2004 年）

玛湖凹陷斜坡区油气勘探始于 20 世纪 80 年代，为了解该区的地质及含油气情况，1981 年在玛湖西斜坡上钻第一口参数井艾参 1 井，该井在白垩系，侏罗系三工河组、八道湾组，三叠系白碱滩组、克拉玛依组以及二叠系下乌尔禾组见不同程度油气显示，但未获突破。之后，人们将目光聚焦到玛湖斜坡区，提出了"跳出断裂带，走向斜坡区"的勘探思路。1988年8月至12月先后在克—百断裂带下盘斜坡区上钻了446井和448井，两口井在三叠系白碱滩组获高产油流，证实了玛湖斜坡区具备成藏条件，指明了在西北缘断裂带东南方向，面积达2600km²的玛湖斜坡区将是一个充满希望的大油区。

为了进一步了解玛西斜坡中生界岩性、储层及含油性情况，1990年6月在艾参1上倾方向上钻百65井，该井在侏罗系和三叠系虽见油气显示，但试油均为干层，分析认为该区构造圈闭不发育，有油气运移，但未成藏。随后开展玛湖斜坡区构造解释与圈闭普查，发现了多个背斜和鼻凸构造带。1991年初在玛湖鼻状构造的1号背斜上部署上钻玛2井。该井在侏罗系、三叠系和二叠系见良好油气显示，完井试油先后在二叠系下乌尔禾组和三叠系百口泉组获工业油流。玛2井的突破是玛湖斜坡区的重要发现，证明了"跳出断裂带，走向斜坡区"的勘探思路的正确性。从此，克拉玛依油田家族中多了一个玛北油田。

玛2井的突破，似乎预示着在西北缘斜坡带上将要找到第二个大的油气富集区，但是，事情的发展并不尽如人意。

玛北油田发现后，先后部署了多口探井，但除了玛4井和玛6井获得低产油流外，其余井均告失利。为落实玛北油田二叠系下乌尔禾组和三叠系百口泉组油藏规模，1994年先后部署了玛001等8口评价井，除了靠近玛2鼻凸轴部的玛001、玛006、玛007和玛009井4口井获工业油流外，其余井未获油气。其中，除了玛2井和玛006井产量较高外，其余工业油流井产量均较低。通过油藏描述研究，玛北油田二叠系、三叠系均为低孔、低渗、非均质、水敏性强的储层，限于当时储层改造技术的制约，没有开发效益，储量未能有效动用。

此外，通过油气成藏综合研究，玛北油田油藏受构造控制作用明显，已发现油藏均位于鼻凸构造带，而玛湖斜坡区中生界主体构造形态为单斜构造，虽然局部发育低幅度鼻凸构造带，但限于当时的二维地震资料精度，构造及目标落实难度大；同时认为玛湖斜坡区断裂不发育，而烃源岩位于中—下二叠统，三叠系及以上地层源储匹配性差，难以形成规模油藏，勘探潜力有限。因此，玛湖斜坡区首次勘探除发现玛北油田外，再无其他发现。至此，玛湖斜坡区勘探长期陷入停滞。

2. 创新地质认识，转变勘探思路，再上玛湖斜坡发现新百里油区（2005—2017年）

2005年新疆油田公司对环玛湖凹陷斜坡带开展新一轮的整体研究，统一了该区域的地震和地质层序，重新建立起了构造格架、构造演化与沉积充填之间的关系，指明了油气运聚具体方向。与此同时，随着压裂、储层改造在规模和技术上的进步和成熟，低渗透储层改造技术使动用低孔低渗油藏成为可能。再上斜坡区时机已经成熟，由此做出了由断裂带再向斜坡区战略转移的决定。

1）创立"扇控大面积成藏"模式，玛北斜坡首获突破

通过长达 5 年的玛湖斜坡区油气富集与成藏的再认识，提出了玛湖斜坡区三叠系百口泉组为缓坡型扇三角洲沉积体系的新认识，认为水下沉积体系中的灰绿色砂砾岩是含油的关键点，并将夏 9 井区—玛北油田之间的低勘探程度区不整合面之上的三叠系百口泉组作为再上斜坡区的具体勘探突破口。根据构造、岩性和油气运移条件三大关键要素，2010 年 9 月部署上钻了玛 13 井，目的层为三叠系百口泉组，但完井试油仅获低产油流。

通过失利原因的分析，认为一是试油和压裂工艺使用的是常规的模式和方法，效果不好，因此开展了针对性的储层改造工艺技术攻关；二是储层相带较差，探井钻在夏子街扇三角洲平原相（水上）与前缘相（水下）的过渡带，推测其下倾方向更有利。2011 年 6 月在玛 13 井的下倾方向部署了玛 131 井。该井在百口泉组二段见良好油气显示，2012 年 2 月 24 日采用二级加砂压裂新工艺，首获工业油流，标志着玛湖斜坡区百口泉组勘探获得重大突破，拉开了斜坡区油气勘探的序幕。

通过成藏综合研究认为玛北斜坡具备大面积成藏条件：斜坡区构造相对平缓，扇三角洲前缘亚相大面积分布，储层渗透率低，边底水不活跃，有利于大面积成藏。从而提出玛北斜坡百口泉"扇控大面积成藏"模式，随后开展了一系列的研究和部署工作，并取得了重大成果。

（1）通过老井复查重新厘定了玛北油田的油层判别标准，将孔隙度 8%、电阻率 30Ω·m 的老标准，更改为孔隙度 6%、电阻率小于 30Ω·m，含油饱和度小于 42% 的新标准，重新制作了新的油层识别图版，并优选 8 口探井开展两轮恢复试油。

（2）2012 年 4 月，上钻玛 132 井、玛 133 井两口新井。紧接着，2012 年 5 月，恢复试油的夏 7202 井、风南 4 井 3 层获工业油流，据此，在夏子街前缘断阶区——夏 9 井区部署夏 89 井，在风南 4 井区部署夏 90 井。之后，新钻的玛 133 井获工业油流，夏 89 井在百口泉组见良好油气显示。

（3）为寻求更大场面，2012 年下半年，在玛湖斜坡区部署了以水平井为主的 8 口预探井。这 8 口预探井在玛北斜坡玛 131—夏 72 井区连续部署。通过整体布控、分区块、分层次逐步实施，均见良好效果，进一步证实了玛北斜坡"扇控大面积成藏"模式的正确性。

（4）为加快储量升级，进一步落实油藏规模及产能，2013 年提出了勘探评价一体化勘探思路，油藏评价提前介入，按照"直井控面落实油层、水平井提产"部署原则，整体部署，整体探明。玛 131 井区共部署实施评价井 13 口，其中直井 11 口，水平井 2 口；直井试油 11 口 16 层，获工业油流井 10 口 15 层，平均日产油 6.55t，水平井试油 2 口 2 层，日产油 10.9～26.26t。风南 4 井区部署评价井 7 口，完钻试油获工业油流 7 口 10 层。2016 年 12 月玛 131—风南 4 井区三叠系百口泉组油藏上交探明石油地质储量 8013.03×10^4t。至此，玛湖斜坡区首个亿吨级油田——玛北油田基本落实。

2）"扇控大面积成藏"模式指导邻区勘探，玛西斜坡发现首个高效油藏

为验证玛湖斜坡区"扇控大面积成藏"模式，首选与夏子街扇三角洲沉积和成藏条件类似的玛西斜坡黄羊泉扇三角洲。2012 年 8 月在玛西斜坡部署了风险探井——玛西 1 井，

虽然该井未钻遇前缘有利相带，但钻到了过渡相带，发现厚层状含油层，油质轻，推测其下倾部位存在前缘有利相带。随后为精细落实构造和刻画相带、提高优质储层预测精度，在玛西斜坡实施了斜坡区首块高密度三维地震——玛西1井区三维。同时在玛西1井以南前缘相带部署玛18井。该井于2013年3月25日开钻，同年7月未经压裂即获较高产工业油流，从而发现了艾湖油田。该发现带动了玛湖斜坡区的整体突破，证实了玛西斜坡三叠系百口泉组在坡折带之下存在油气高产富集带。

按照"规模中找高效、高效中求规模"的勘探思路，随即开展针对玛西斜坡的新一轮研究和部署，依托新部署的高密度三维地震资料，精确落实断裂、构造特征，精细刻画出了该区相带边界与砂体的分布范围，在坡下高压区和坡上常压带分别部署艾湖1井和艾湖2井，其中艾湖1井在百口泉组试油获高产工业油流；艾湖2井百口泉组试油获得工业油流，从而发现了艾湖2井区三叠系百口泉组油藏。艾湖1井和艾湖2井的再次突破，再一次证实了玛西斜坡三叠系百口泉组含油气性，又一个亿吨级规模储量区呼之欲出。同时针对玛18井区油层高压、多层的特点，采用套管射孔桥塞分层压裂新工艺，多井获得高产并且长期稳产，玛18井区油藏规模逐步落实。

为了尽快使该区储量转化成产能，迅速启动勘探评价一体化，2014年7月在玛18井区部署评价井11口，试油均获工业油流，钻井成功率100%，百口泉组油藏规模基本落实。在此过程中，创新的地质认识、高品质三维地震资料以及工程技术的进步是该区百口泉油藏得以发现和快速落实的前提和保障。2015年12月玛18井区三叠系百口泉组提交探明石油地质储量 5947.07×10^4 t，次年10月艾湖2井区块三叠系百口泉组油藏提交控制石油地质储量 3128×10^4 t，至此，玛湖斜坡区又一个亿吨级油田——艾湖油田基本落实。

3）"一砂一藏"新模式，玛南斜坡再获发现

在持续探索玛北斜坡的同时，还将目光聚集在构造、沉积和成藏背景相似、发育大型走滑断裂体系玛南斜坡。通过对该区断裂和地层精细研究，发现了一系列断层—地层圈闭，其上倾方向已发现"八区"亿吨级油藏，成藏条件有利。2012年5月按照"八区油藏之下找新八区"的勘探思路，在玛南斜坡大侏罗沟断裂带二台阶部署风险探井玛湖1井。该井钻探过程中在三叠系百口泉组油气显示活跃，完井试油在百口泉组获日产39.4t高产工业油流，由此发现了玛南斜坡区三叠系百口泉组油藏，拉开了玛南斜坡勘探序幕。

玛湖1井突破后，初步研究认为玛南斜坡区百口泉组油气成藏受控于坡折带、深大走滑断裂及其伴生的鼻状构造。为加快玛湖1井区勘探节奏，依托玛湖1井区先导性试验三维地震资料，对沿大侏罗沟走滑断裂带产生的雁列构造、花状构造等一系列相关构造进行详细刻画，建立了大侏罗沟走滑断裂构造解释模式。2013—2014年相继外甩部署玛湖2—玛湖9井共8口探井，除靠近大侏罗沟断裂的玛湖4井获得工业油流外，其余7口井百口泉组均告失利，玛南斜坡勘探陷入低谷。

2015年依托玛湖1井区高密度三维地震，对该区构造、扇体边界、砂体叠置关系、储层分布及成藏主控因素进行重新梳理与分析，提出玛南斜坡区三叠系百口泉组具有"一砂一藏、叠置连片"成藏模式，具备形成规模油藏的潜力，随后决定部署实施玛湖012井。完井试油获得工业油流，验证了"一砂一藏"模式。随后在玛湖012井下倾方向另一

期砂体部署玛湖 013、玛湖 015 等井以及大侏罗沟断裂以北部署的玛湖 11 井相继获得工业油流，进一步证实了该区"一砂一藏"成藏模式。2018 年 10 月玛湖 1 井区三叠系百口泉组提交控制石油地质储量 4406×10^4t。

4）类比玛西斜坡，玛东斜坡终获突破

伴随着玛西斜坡百口泉组相继突破，通过对玛湖凹陷斜坡区整体研究，认为玛东斜坡具备与玛湖西斜坡相似的成藏条件。2012 年部署风险探井盐北 1 井，该井在百口泉组见良好油气显示，试油日产油 5.18t，证实了该区三叠系百口泉组具备成藏条件。之后相继钻探达 9 井、达 10 井、达 11 井。其中达 11 井在百口泉组获日产油 6.66t，分析认为达 11 井储层物性较好，构造位置偏低，钻揭到油水界面，从而进一步证实了玛东斜坡区发育扇三角洲前缘有利相带及有效储层，并且地层普遍具备高压。

2015 年玛东斜坡部署实施达 10 井区攻关三维，利用新采集三维地震资料，对该区进一步深化构造、沉积储层、压力预测及目标研究，认为玛东斜坡是寻找高效油藏的重要领域。逐步落实了玛东斜坡盐北扇、达巴松扇两大扇三角洲有利储层分布范围，明确玛东斜坡发育大型宽缓平台区，具备与玛 18 井区相似构造背景。

2015 年在玛东斜坡达巴松扇三角洲前缘有利相带部署达 13 井，该井在钻井过程中百口泉组油气显示活跃，油层特征明显；2016 年 4 月在百口泉组试油获高产工业油流，玛东斜坡终获重大突破，证实了玛东斜坡具备形成规模油藏的潜力。随后北部盐北扇三角洲盐北 4 井百口泉组试油获工业油流，证实了玛东斜坡具备大面积成藏潜力。之后部署并钻探的达 15 井再次试获高产工业油气流，初步落实达 13 井区三叠系百口泉组规模高效油藏。

与此同时，为落实盐北 4 井区二叠系下乌尔禾组四段油藏和三叠系百口泉组油藏，部署了玛 217 井和玛 218 井 2 口评价井，均在目的层见良好油气显示。2016 年盐北 4 井区二叠系下乌尔禾组四段和三叠系百口泉组合计提交控制储量 1696×10^4t，达 13 井区三叠系百口泉组提交预测储量 7458×10^4t。从玛东斜坡盐北扇至达巴松扇全长 50km，展现出了玛湖斜坡区又一个新的大油区。

从断裂带到斜坡区，由构造油藏到扇控大面积岩性油藏，随着地质认识的不断深化，玛湖凹陷勘探硕果累累，玛湖"东、西、南、北"全面突破，落实了多个亿吨级高效储量区块。截至 2017 年 10 月，玛湖凹陷斜坡区累计新增探明石油储量 1.40×10^8t，控制石油储量 1.51×10^8t，预测石油储量 2.38×10^8t，形成了继西北缘断裂带之外又一个新的百里大油区。

二、开发历程

1. 开发前期试验，常规开发效果不理想

1997 年 1 月，针对下乌尔禾组油藏编写了《玛北油田开发前期试验及评价井部署方案》，按 300m 井距五点法井网部署并实施了 1 个开发试验井组（M2525、M2527、M2626、M2725、M2727）和 3 口开发控制井（M1812、M1822、M2820），投产后初期单井产油 0.1～19.8t/d，平均 6.3t/d，其中 M2525、M2727 初期产油分别为 12.3t/d、19.8t/d，

效果较好，其余井生产效果相对较差，总体开发效果不理想，1998年7月后便暂停了开发部署工作。

2006年9月，为进一步落实下乌尔禾组、百口泉组油藏的开发潜力及单井产能，研究编写了《玛北油田二叠系乌尔禾组、三叠系百口泉组油藏2006年开发控制井实施意见》，部署并实施了两口开发控制井——DM2721和DM2826，两口井均在P_2w压裂后投产，初期分别采用3.0mm、2.5mm油嘴自喷生产，产油分别为16.0t/d、10.8t/d。之后产量逐年递减，为改善生产效果，DM2721井于2009年11月采用深穿透大中型压裂增产改造技术对原井段进行重复压裂，产油由1.5t/d提高至6.3t/d；DM2826井于2011年6月对下乌尔禾组补层，之后仍采用深穿透大中型压裂增产改造技术对新、老井段进行压裂，产油由1.2t/d提高至8.5t/d。

2011年4月，为开发下乌尔禾组有利区，有效动用储量资源，获得合理的注采资料落实单井产能，编写了《玛北油田玛2井区下乌尔禾组油藏超前注水试验部署方案》。采用250m×433m五点注采井网部署开发井35口（利用老井1口），其中采油井21口、注水井14口，新钻井为34口。2011—2012年共实施新井24口（含控制井1口），其余未实施。截至2019年6月，单井产油0.5～4.1t/d，平均单井产油1.9t/d，平均单井累计产油2073t，平均单井累计生产天数1111d，生产效果较差，超前注水未达到预期效果。

2. 突破非常规开发技术，确定水平井+体积压裂开发思路

随着玛湖地区勘探开发不断推进，为探索玛18和玛131井区经济有效的开发途径、合理的开采技术政策，2015—2017年在玛18井区进行了2种开发方式、3种井距、2种井型的对比开发试验；在玛131井区进行了不同水平段长度、井距、压裂规模的水平井+体积压裂开发试验。

玛18井区艾湖1井断块：衰竭式开发试验，采用300m×520m菱形直井网布井，共部署采油井24口（老井利用1口），试验区动用含油面积2.16km²，动用石油地质储量190.43×10⁴t，新建产能6.56×10⁴t。艾湖1井在2014年5月和2015年10月进行两次复压测试，地层压力分别为63.04MPa、48.53MPa，地层压力下降14.51MPa，期间单井累计产油6878t，单位压降产油量474t/MPa。开发试验井中有9口因井间干扰，单位压降采油量更低，单位压降产油95.7～346.4t/MPa，平均185.7t/MPa。衰竭式开发整体表现出地层压力下降快、单位压降产量低。

玛18井断块：为评价注水开发可行性，进行不同井距注水开发试验和衰竭式试验对比，注水开发试验分别采用200m×340m和270m×465m井距菱形反九点井网；衰竭式开发试验采用270m×465m菱形井网；水平井开发试验，T_1b_1部署两口水平井，水平段长度为950m和1080m，T_1b_2部署两口水平井，水平段长度为950m和1080m。共部署开发井71口，其中采油井63口（老井利用1口、水平井4口），注水井8口，动用含油面积5.38km²，动用石油地质储量643.83×10⁴t，新建产能18.27×10⁴t。由于T_1b_2油层变薄，取消两口水平井，T_1b_1两口水平井，MaHW6004井完钻投产，MaHW6002井完井电测。开展了两井次注水试验工作，Ma5424井于2015年12月26日开始试注，Ma5224井于2016年

1月17日开始试注，注水量由初期的10m³/d增加到65m³/d，井口压力分别为26MPa、35MPa，两口井于2016年7月27日停注，累计注水量分别为7262m³、5731m³。

从玛18井区开发试验效果来看，Ma5424注水17d，MaD5323井含水开始上升；其他方向油井见水不见效，水驱效果差。注水区中心井与边缘井（Ma5324井与Ma5426井）日产油水平基本相当，递减规律基本一致，水驱难度大，油井见水不见效；水平井油层钻遇率高，峰值日产量100t以上，显示较强的生产能力，与周围直井对比，同期日产油是邻近直井的5～7倍，水平井开发效果较好。

玛131井区：探索不同水平段长度、井距、压裂规模对产能的影响，2015年在玛133井断块试验区，按照400m井距部署实施6口水平井（MaHW1320、MaHW1321、MaHW1322、MaHW1323、MaHW1324、MaHW1325），水平段长度1200m、1400m、2000m各两口，单井设计产能25～32t/d，水平井实钻水平段长度1053～2007m。截至2019年6月，产油13.3～21t/d，生产天数467～1203d，单井累计产油6299～22216t，单井平均累计产油16931t，平均单井日产油17.8t。从目前开发试验区水平井生产情况来看，水平井产量与直井相比有大幅度提高。开发阶段部署的水平井与勘探评价阶段部署的水平井相比，水平段较长，压裂规模较大，产量更高。

玛18和玛131试验区效果突破，基本确立了玛湖地区致密砂砾岩油藏的开发方式（水平井＋体积压裂），攻关形成了系列配套技术，玛湖地区产量实现快速跃升，为实现油藏规模效益开发，加快资源有效动用奠定了基础。2016年9月通过的《艾湖油田玛18井区三叠系百口泉组油藏水平井开发试验方案》，2017年9月通过的《玛北油田玛131井区三叠系百口泉组油藏水平井总体方案》标志着玛湖油区正式投入开发。

截至2019年底，玛湖地区实际已在21个层块投产635口井，动用地质储量1.2×10⁸t，累计建成产能347×10⁴t，其中水平井310口，建成产能274.7×10⁴t。年产油量160.2×10⁴t。玛湖地区已投产水平井目前生产效果较好，一年期平均单井产量7830t，产能到位率100%。

第二章　玛湖凹陷二叠—三叠系沉积相特征及分布

第一节　物源分析

物源分析在确定物源方向和性质及沉积物搬运路径，甚至整个盆地的沉积构造演化等方面具有重大的意义。目前，研究沉积物源的方法主要有重矿物分析法、碎屑岩类分析法、沉积法、地球化学法等。在结合古地理背景的基础上，本次研究采用了重矿物分析法、砂地比值、岩屑组分分析等方法。

一、玛西地区三叠系百口泉组

砂地比值变化规律可以反映出物源方向，越靠近物源，砂地比值越大。艾湖2井区砂地比值西北部高，东南部低，以此推测物源方向来自西北部（图2-1）。

此外，玛湖1井区 T_1b_1 厚度从西北到东南逐渐变薄，T_1b_2 和 T_1b_3 砂体厚度变化规律相同，由此推测物源来自西北方向。

二、玛北地区三叠系百口泉组

1. 重矿物特征及分布

重矿物为相对密度大于 $2.86g/cm^3$ 的矿物。根据重矿物的抗风化稳定性，可将其分为稳定和不稳定重矿物（表2-1）。稳定重矿物抗风化能力强；不稳定重矿物抗风化能力弱。越远离物源，重矿物中稳定组分的含量相对增加，不稳定组分的含量相对减少。

表2-1　常见的稳定及不稳定重矿物

稳定重矿物	不稳定重矿物
白钛石、锆石、电气石、金红石、独居石、红柱石、刚玉、尖晶石、赤褐铁矿、磁铁矿、钛铁矿、榍石、矽线石、十字石、蓝晶石、石榴石	角闪石、黑云母、辉石、黄铁矿、蓝闪石、方铅石、绿帘石、阳起石、磷灰石、重晶石、橄榄石

玛北地区百口泉组稳定重矿物主要包括赤褐铁矿、白钛石、锆石、电气石、尖晶石、石榴石等类型，不稳定重矿物主要包含绿帘石、重晶石、黄铁矿等类型。稳定重矿物含量自西北、东北、西部向湖盆中心地带逐渐增加，而不稳定重矿物含量自西北、东北、西部向湖盆中心地带逐渐减少，即有3个物源，西北、东北、西部各1个。

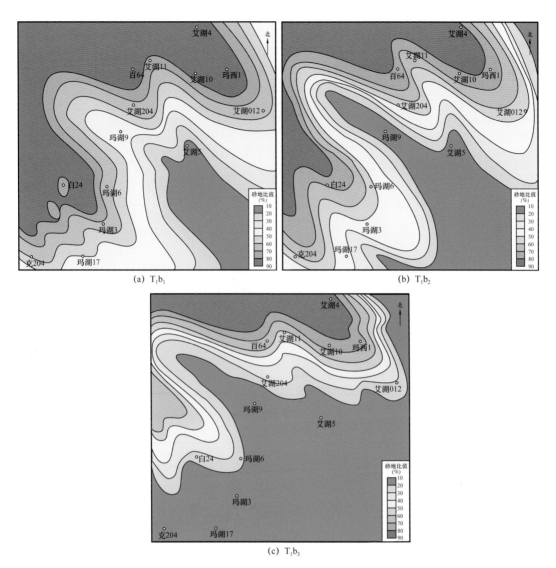

图 2-1　玛西地区三叠系百口泉组砂地比等值线平面图

2. 砂地比值分布

根据 $T_1b_2^1$ 小层砂地比值等值线图，在西北、东北及西部较高，向东南方向逐渐降低（图 2-2），其余小层砂地比值均有同样的变化规律，与不稳定重矿物分布一致，可见有 3 个物源，西北、东北、西部各 1 个。

3. 砾岩岩屑成分含量分布

岩屑成分直接反映母岩成分，因此，砾岩成分及含量的变化规律同样可以反映出物源。来自同一个物源，其砾岩成分或砂岩岩屑成分应该相似，越远离物源，某些砾岩成分或砂岩岩屑成分的含量会出现规律性增多或减少。

根据玛北地区百口泉组砾岩成分及含量平面分布图（图 2-3）可以发现以下几个规

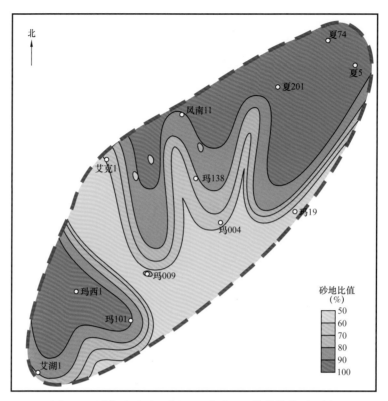

图 2-2　玛北地区百口泉组 $T_1b_2^1$ 砂地比值等值线平面图

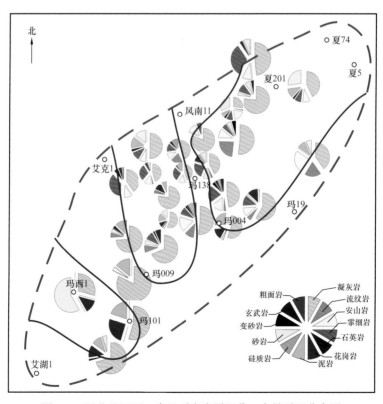

图 2-3　玛北地区百口泉组砾岩岩屑组分、含量平面分布图

律：凝灰岩的相对含量自西北、东北、西部向中心明显逐渐增大，说明有 3 个物源，西北、东北、西部各 1 个；玛 101 井应属于西部扇体，因为凝灰岩含量从玛 009 井到玛 101 井减少，并且西北部物源含有花岗岩成分在玛 009 井处消失，但在玛 101 井处又大量出现；砂岩岩屑成分的相对含量自西北、东北、西部向中心逐渐减少，同样说明有 3 个物源，西北、东北、西部各 1 个。

三、玛北地区二叠系下乌尔禾组

1. 重矿物特征及分布

玛北地区下乌尔禾组稳定重矿物主要包括白钛石、锆石、电气石、尖晶石、赤褐铁矿、磁铁矿、钛铁矿、榍石、石榴石等类型，不稳定重矿物主要包含角闪石、辉石、黄铁矿、绿帘石、重晶石等类型。通过下乌尔禾组稳定重矿物和不稳定重矿物的含量柱状分布图（图 2-4、图 2-5）可以看出，稳定重矿物含量自西北、东北、西部向湖盆中心地带逐渐增加，而不稳定重矿物含量自西北、东北、西部向湖盆中心地带逐渐减少，即有 3 个物源，西北、东北、西部各 1 个。

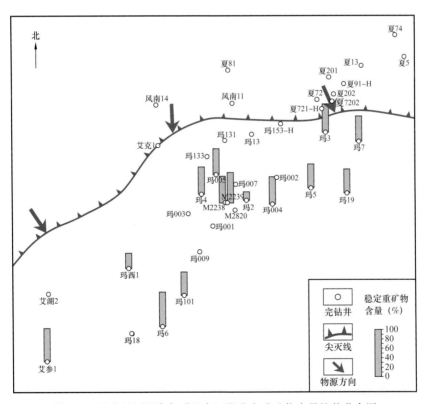

图 2-4　玛北地区下乌尔禾组乌四段稳定重矿物含量柱状分布图

2. 砂地比值分布

$P_2w_4^{2-1}$ 小层砂地比值在西北、东北及西部较高，向东南方向逐渐降低（图 2-6），其余小层砂地比值均有同样的变化规律，说明有 3 个物源，西北、东北、西部各 1 个。

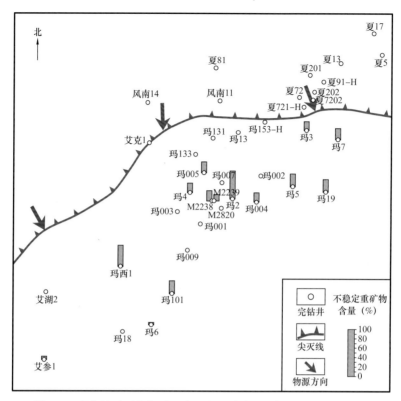

图 2-5　玛北地区下乌尔禾组乌四段不稳定重矿物含量柱状分布图

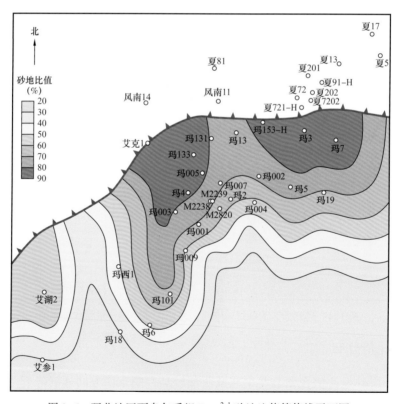

图 2-6　玛北地区下乌尔禾组 $P_2w_4^{2-1}$ 砂地比值等值线平面图

第二节　岩石成因类型及特征

针对砂砾岩粒度分布区间大、填隙物和岩石结构构造复杂等特点，在砂砾岩岩石学分类中有三个基本原则：（1）划分方案能有效区分包括砂砾岩在内的整个沉积体系的主要岩石类型；（2）划分方案要充分考虑对砂砾岩物性影响显著的填隙物含量与组分特征，反映出粒间填隙物特点；（3）划分方案最好能反映出沉积体系中主要岩石类型的沉积成因，即岩石类型最好能与沉积微相对应。

一、玛西地区三叠系百口泉组

1. 砂砾岩岩石成因类型

依据上述分类方法，在玛西地区百口泉组 13 口井 250 余米岩性详细描述基础上，针对不同沉积微相进行了共计 76 块样品粒度分析工作，提出以下的砂砾岩成因类型划分方案（图 2-7）。

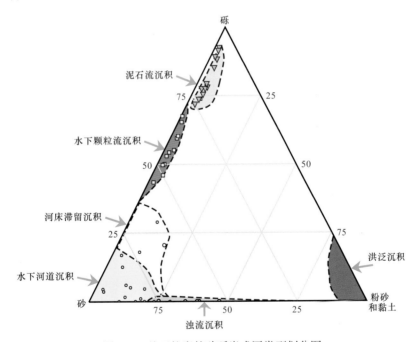

图 2-7　基于粒度的砂砾岩成因类型划分图

划分方案在借鉴国际粒径命名的基础上，充分考虑粒间填隙物特征与含量，依据沉积成因类型进行划分。虽然砾岩中粒径 D 大于 2mm 的砾石的质量百分比大，基本在 75% 以上，但在沉积物搬运和沉积过程中砾石对沉积物流体性质作用有限；而粒径 D 小于 2mm 的砂、粉砂和黏土，特别是粉砂和黏土，对沉积物流体性质影响显著。所以在砾岩分类中，占少量质量百分比的粉砂和黏土需重点考虑，建议将含量 5%～15% 定为含泥、含粉砂、含砂，15%～50% 定为泥质、粉砂质、砂质。

玛西地区百口泉组岩石类型主要可归纳为5种：（1）含泥含砂中砾岩：泥石流；（2）砂质细砾岩：水下颗粒流；（3）砂岩或含细砾砂岩：水下河道与河床滞留沉积；（4）泥质粉砂岩：浊流；（5）泥岩（含细砾泥岩、泥质粉砂岩）：洪泛沉积（图2-8）。

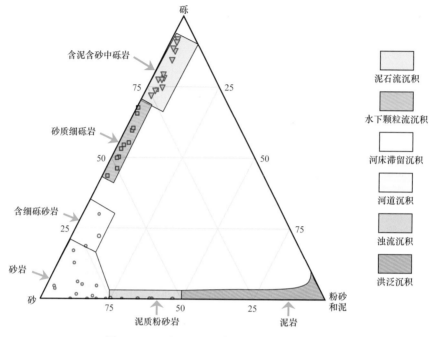

图2-8　玛西地区百口泉组不同岩石类型图

2. 不同岩石类型岩石学与粒度特征

　　（1）含泥含砂中砾岩：主要为灰色或灰绿色，也有褐色或灰褐色，颗粒大小混杂，分选差至中等（图2-9）；砾石圆度次棱角状至次圆状，主要由10～30mm粒径的中砾组成，

艾湖4井，2-37-　　艾湖18井，3-24-　　玛18井，5-51-　　艾湖1井，7-46-　　玛湖6井，1-23-　　艾湖6井，3-35-
（14-15）　　　　（3-11）　　　　　（9-15）　　　　（40-43）　　　　（1-10）　　　　（19-20）

图2-9　玛西地区百口泉组砂砾岩层系中含泥含砂中砾岩

成分为凝灰岩砾、花岗岩砾和板岩砾；基质为砂、泥混杂，砂质不等粒，颗粒次棱角至次圆状，镜下鉴定泥质含量一般大于10%（图2-10a），与X射线衍射分析得到的黏土总量（10%～33%）一致，局部层段方解石胶结。含泥含砂中砾岩粒度分析曲线表现出"多峰"的特征，其中砾石总量大于60%，粒径大于10mm砾石（中砾）含量大于30%，砂质和泥质10%～20%；"多峰"特征表明泥石流沉积物组分的复杂性，在搬运过程中可能卷入多种成因沉积物组分（图2-11）。

(a) 玛18井，3858.84m，水下泥石流含泥含砂中砾岩，单偏光下铸体薄片

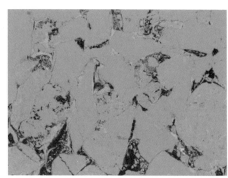

(b) 玛18井，3923.12m，颗粒流含砂细砾岩，电子探针背散射

(c) 艾湖1井，3858.65m，浊流沉积含泥细砂岩，单偏光下铸体薄片

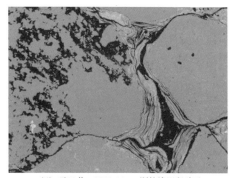

(d) 玛18井，3909.56m，颗粒流沉积砂质细砾岩，黏土矿物收缩缝发育，电子探针背散射

(e) 艾湖1井，3859.43m，水下河道粗砂岩，单偏光下铸体薄片

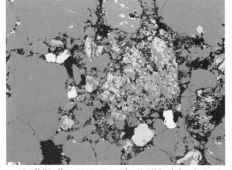

(f) 艾湖1井，3800.60m，水下河道粗砂岩，钾长石次生溶孔发育，电子探针背散射

图2-10　玛西地区百口泉组不同岩石类型镜下特征

（2）砂质细砾岩：灰绿色、灰色，颗粒分选中等至好，发育颗粒支撑结构。砾石含量大于50%，次圆状为主，粒径为2～6mm（图2-12）的细砾，成分为凝灰岩砾、花岗岩

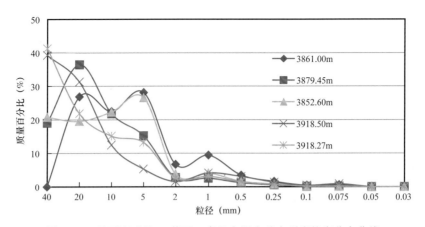

图 2-11　玛西地区玛 18 井百口泉组含泥含砂中砾岩粒度分布曲线

砾，少量板岩砾。基质主要为砂质，泥质含量一般小于 8%（图 2-10b）；砂质颗粒次圆状为主，砂质主要为石英，其次为岩屑和长石；泥质伊利石化显著，常绕颗粒边缘分布，并不均匀收缩产生收缩缝（图 2-10d）。粒度分析曲线表现典型的"双峰"特征，为细砾质和砂质两个明显的对应区间，颗粒以 2～4mm 细砾为主，含量为 45%～50%，部分样品砂质含量达 20% 以上，粒径小于 10mm 的砾石含量一般小于 10%（图 2-13）。

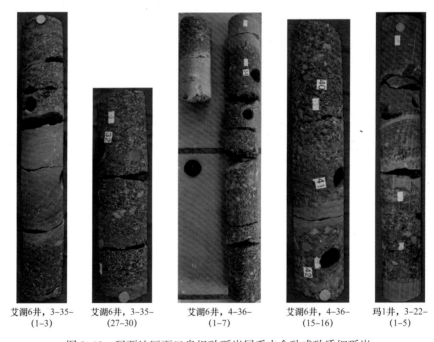

艾湖6井，3-35- 　 艾湖6井，3-35- 　 艾湖6井，4-36- 　 艾湖6井，4-36- 　 玛1井，3-22-
（1-3）　　　　 （27-30）　　　 （1-7）　　　　 （15-16）　　　 （1-5）

图 2-12　玛西地区百口泉组砂砾岩层系中含砂或砂质细砾岩

（3）砂岩或含细砾砂岩：灰色、浅灰色，一般为水下河道（牵引流）沉积（图 2-14）。砂岩颗粒分选中等至好，次圆状为主（图 2-10e）。砂岩类型是亚岩屑砂岩或杂砂岩，包括中—细砂岩（占 48%）、含砾粗砂岩（占 22%）、含砾不等粒砂岩（占 28%）等，杂基含量为 3%～25%，泥质胶结为主，少量方解石胶结。灰色砂岩或含细砾砂岩粒径分布相对集中，基本呈单峰，反映出沉积物分选好，部分样品因悬浮粉砂和泥含量高，呈双峰（图 2-15）。

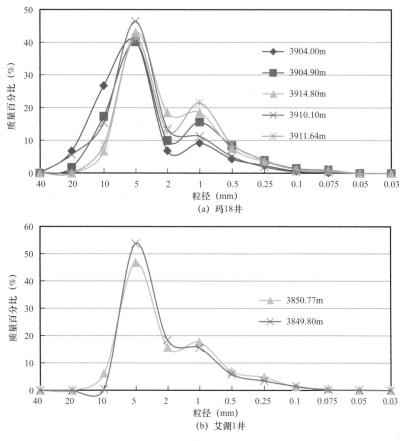

(a) 玛18井

(b) 艾湖1井

图 2-13 玛西地区百口泉组砂质细砾岩粒度分布曲线

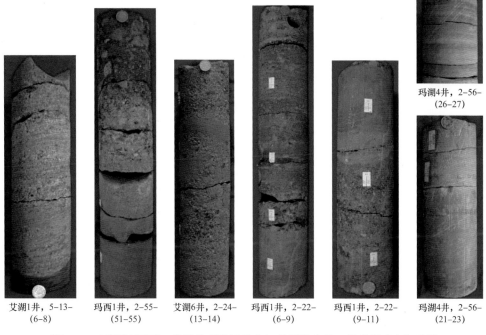

图 2-14 玛西地区百口泉组砂砾岩层系中细砾质粗砂岩、粗砂岩或中细砂岩

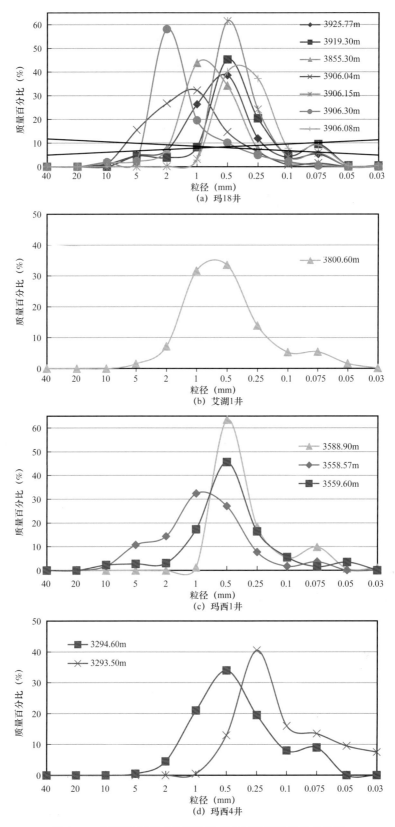

图 2-15　玛西地区百口泉组砂岩或含砾砂岩粒度分布曲线

（4）泥质砂岩至粉砂岩：一般为深灰色、灰色，常与深灰色泥岩呈薄互层产出（图 2-16）；颗粒分选差至中等，砂质为中细砂，杂基含量较高，一般大于 15%，泥质胶结为主（图 2-10c）。灰色泥质粉砂岩粒度分析曲线表现出"双峰"特征，砂质为主峰，粉砂至泥为次峰（图 2-17）。

玛18井，8-43-（37-38）

玛18井，8-43-（30-31）

图 2-16　玛西地区百口泉组砂砾岩层系中泥质细砂岩、粉砂岩

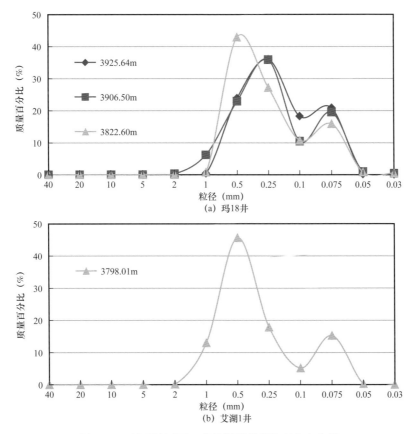

（a）玛18井

（b）艾湖1井

图 2-17　玛西地区百口泉组泥质砂岩粒度分布曲线

（5）粉砂质泥岩或泥岩：褐色、灰褐色或局部被还原后呈灰绿色，泥质含量大于50%，粉砂含量5%～30%，常含少量细砾（含量<5%）（图2-18）。整体可分为三段，下部块状含细砾粉砂质泥岩或泥岩，中部颗粒分异的含细砾粉砂质泥岩或泥岩，表现不明显正粒序，上部为块状泥岩，以典型的氧化色与块状构造区别于浅湖纹层泥。褐色或灰褐色粉砂质泥岩或泥岩粒度分布表现出"双峰"（含细砾）或"单峰"特征（不含细砾）。

图2-18　艾湖6井T_1b_2段砂砾岩层系中灰褐色、褐色（含细砾）粉砂质泥岩

以上分析可见：玛西地区百口泉组岩石类型主要可归纳为以下5种，不同岩石类型与不同沉积微相相对应。含泥含砂中砾岩：泥石流沉积；砂质细砾岩类：颗粒流沉积；砂岩或含细砾砂岩类：水下河道或河床滞留沉积；灰色、深灰色泥质粉砂岩类：浊流沉积；褐色或灰褐色泥岩类（含细砾泥岩、泥质粉砂岩）：洪泛沉积。不同岩石类型在颜色、颗粒大小、填隙物成分等方面差异显著。

二、玛北地区三叠系百口泉组

根据玛北地区的岩心、钻井、测井等资料，在百口泉组中共识别出：砂砾岩、含砾砂岩、砂岩、泥岩4种基本岩石类型。其中，在砂砾岩中进一步区分出：重力流砂砾岩、牵引流砂砾岩两种类型（图2-19）。

| (a) 夏95井，重力
流砂砾岩 | (b) 艾湖1井，牵引流
砂砾岩，侧积交错层理 | (c) 玛13井，含砾砂岩 | (d) 玛16井，砂岩 |

图2-19　玛北地区百口泉组典型岩石类型特征

宏观上，重力流砂砾岩粒度较大，一般为中砾岩，大小混杂，磨圆度低，混杂构造，不具任何牵引流成因的交错层理等层理类型；而牵引流砂砾岩粒度较小，一般为细砾岩，磨圆度中等—较好，具有正韵律结构，还可见侧积交错层理、平行层理等牵引流沉积构造。

三、玛北地区二叠系下乌尔禾组

根据玛北地区的岩心、钻井、测井等资料，在下乌尔禾组中识别出：砂砾岩、含砾砂岩、砂岩、泥岩 4 种基本岩石类型。其中，在砂砾岩中进一步区分出：重力流砂砾岩、牵引流砂砾岩两种类型（图 2-20），其特征与百口泉基本类似。

(a) 玛西1井，重力流砂砾岩   (b) 玛3井，牵引流砂砾岩   (c) 玛18井，含砾砂岩   (d) 玛009井，砂岩

图 2-20 玛北地区二叠系下乌尔禾组典型岩石类型特征

第三节 沉积相类型及分布

一、沉积相类型及沉积特征

1. 沉积相类型

目前对于玛西地区百口泉组的沉积相类型的认识尚存在很大争议，大部分认为百口泉组属于冲积扇相，少部分认为属于扇三角洲相。实际上，冲积扇和扇三角洲都是近源粗粒沉积体系，它们之间最主要的区别在于：扇三角洲除了发育水上沉积部分之外，还发育大量的水下沉积部分。

通过覆盖全区的 33 口取心井岩心详细观察，认为百口泉组沉积相属于扇三角洲相而非冲积扇相，主要依据在于：（1）除了发育大量代表水上环境的褐色、棕红色砂砾岩及泥岩之外，还发育代表水下环境的灰绿色、灰黑色砂砾岩、砂岩及泥岩；（2）可见发育在扇三角洲前缘亚相的具有反粒序特征的河口沙坝微相；（3）在靠近湖盆中心的近 10 口井的百三段顶部，均发育一套稳定分布的灰黑色泥岩，一般厚 25～50m，代表前扇三角洲泥微相，该厚度显然是冲积扇的漫流微相的泥所不能及的；（4）百口泉组岩石样品的分析化验资料中见自生黄铁矿矿物，其通常指示水下还原环境。

在此基础上，将百口泉组扇三角洲相进一步分为 3 个亚相及 10 个微相类型。其中，扇三角洲平原亚相分为泥石流、扇面河道、漫流微相；扇三角洲前缘亚相分为碎屑流、水下分流河道、支流间湾、河口沙坝、远沙坝微相；前扇三角洲亚相可分为前扇三角洲泥及滑塌碎屑流微相（表 2-2）。

表 2-2　玛西地区沉积相、亚相及微相类型表

相类型	亚相类型	微相类型
扇三角洲	扇三角洲平原	泥石流、扇面河道、漫流
	扇三角洲前缘	碎屑流、水下分流河道、支流间湾、河口沙坝、远沙坝
	前扇三角洲	前扇三角洲泥、滑塌碎屑流

2. 主要亚相沉积特征

1）扇三角洲平原亚相

扇三角洲平原亚相沉积特征类似于冲积扇，玛西地区扇三角洲平原亚相可细分为泥石流、扇面河道、漫流三种微相。

泥石流沉积是扇三角洲平原亚相的主体，为重力流成因。泥石流微相为褐色、棕红色、中、细砾岩，砾石大小混杂，最大粒径可达 10cm，泥质杂基含量高，颗粒多呈"漂浮状"，磨圆度中等—较差，分选差，具混杂构造（图 2-21a、b、c）。

扇面河道沉积为间灾变期发育的辫状河道，属于牵引流成因。主要由褐色细砾岩及砂岩构成，中砾岩很少见，可以作为河道底部滞留沉积（图 2-21d）。部分可见自下而上由（中）细砾岩—砂岩组成的完整正韵律，但由于泥石流的侵蚀—冲刷，使得顶部砂岩难以保留。砾石分选性好，磨圆度较高，泥质杂基含量低，一般低于 5%。发育正韵律等沉积构造，见植物茎干及叶片化石（图 2-21e、f）。

漫流沉积属于扇三角洲平原亚相内的细粒沉积，主要由褐色泥岩、粉砂质泥岩构成，厚度薄，块状层理，可含少量植物化石。

2）扇三角洲前缘亚相

扇三角洲前缘亚相属于水下半还原—还原环境沉积体，是扇三角洲相区别于冲积扇相的重要沉积部分，可细分为碎屑流、水下分流河道、支流间湾、河口沙坝、远沙坝 5 种微相，以前三者最为常见。

碎屑流沉积是水上泥石流沉积在水下的延伸，也属于重力流成因。由灰绿色、灰黑色中砾岩构成，砾石大小不一，磨圆度低，泥质杂基含量高，呈"块状"构造（图 2-22a、b）。碎屑流微相在扇三角洲前缘中的占比较泥石流在扇三角洲平原中的占比有所降低，但仍占 40% 左右。可见，对碎屑流微相的识别十分重要。

(a) 玛湖012井　　　　　　　　(b) 玛湖012井　　　　　　　　(c) 玛湖012井

(d) 玛湖012井　　　　　　　　(e) 玛18井　　　　　　　　(f) 玛湖012井

图 2-21　玛西地区三叠系百口泉组扇三角洲平原亚相典型岩心照片

水下分流河道沉积是扇三角洲前缘亚相中扇面河道在水下的延伸，由灰绿色细砾岩及砂岩构成，以细砾岩为主，部分可见（中）细砾岩—含砾砂岩—砂岩的完整正韵律，砾石大小均一、磨圆较好，泥质杂基含量低，发育大量侧积交错层理、平行层理及正韵律等沉积构造（图 2-22c、d、e）。较扇面河道而言，由于位于水下，受重力流（碎屑流）侵蚀破坏程度降低，而且河道延伸距离较碎屑流更远，河道顶部的砂岩保存相对较好，单一河道厚 0.5～2m，多期河道叠置，累计厚度可达 5～15m。

支流间湾位于水下分流河道间的低能环境，由灰绿色泥岩、粉砂质泥岩构成，块状层理。

由于碎屑流沉积体的侵蚀，使得水下分流河道的河口限定性差，位于水下分流河道前端的河口沙坝发育程度很低。研究区可见少量河口沙坝沉积，自下而上由灰绿色粉砂岩—中细砂岩构成典型的反粒序（图 2-22f）是其典型相标志。厚度薄，一般小于 30cm。

远沙坝位于扇三角洲前缘亚相最前端，由灰绿色粉砂岩及泥质粉砂岩构成，单层厚度薄，常与前扇三角洲泥互层。

(a) 艾湖1井第7筒   (b) 玛湖013井第4筒   (c) 艾湖1井第9筒

(d) 艾湖1井第6筒   (e) 玛湖013井第4筒   (f) 艾湖1井第9筒

图2-22   玛西地区三叠系百口泉组扇三角洲前缘亚相典型岩心照片

3）前扇三角洲亚相

前扇三角洲亚相沉积主要由前扇三角洲泥及滑塌碎屑流构成。前扇三角洲泥主要由灰绿色、灰黑色泥岩构成，发育水平层理，厚度较大，可达数十米。滑塌碎屑流沉积为前缘粗粒沉积物因滑塌失稳而在前扇三角洲泥中形成的，具混杂构造。

研究表明，玛湖凹陷二叠系下乌尔禾组沉积相类型与三叠系百口泉组类似，因此相带划分参照百口泉组，不再重复。

二、沉积相分布

1. 玛西地区三叠系百口泉组

1）单井沉积相

在研究了玛西地区百口泉组相标志的基础上，选择重要的探井和开发井进行单井沉积相分析，并绘制了艾湖2井百口泉组单井沉积微相柱状图（图2-23）。

该井位于玛西地区的艾湖2井区，距离西北物源区较远，发育扇三角洲前缘亚相。未见扇三角洲平原亚相和前扇三角洲亚相，说明该井距离物源区较远，在百口泉组沉积时期，一直处于水下沉积环境，但并未处于深水环境。自下而上砂砾岩的厚度由厚变薄，泥岩逐渐发育，总体显示出一个明显的湖进过程。

前缘亚相内发育水下分流河道、碎屑流、支流间湾、河口沙坝等沉积微相，未见远沙坝微相。其中，主要以水下分流河道微相为主，重力流成因的沉积微相碎屑流微相所占比例明显很小，仅分布在 T_1b_2 小层之中，支流间湾微相则夹杂在水下分流河道微相之间（图 2-23）。

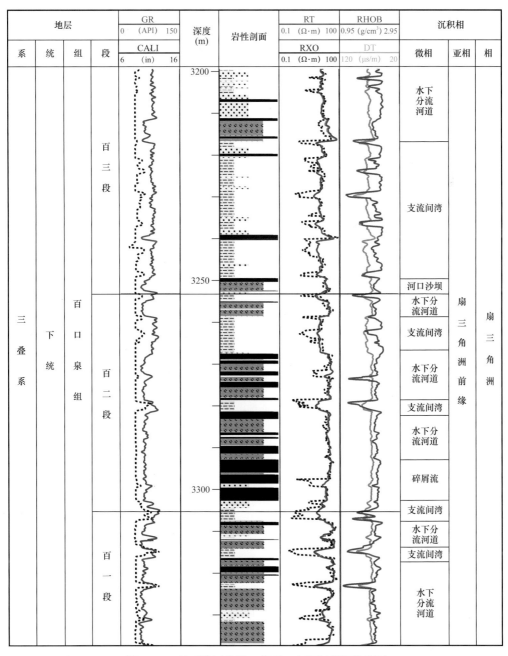

图 2-23　玛西地区艾湖 2 井百口泉组沉积相柱状图

2）玛湖 2 井—玛湖 17 井连井沉积相

连井沉积相分析是在单井沉积相分析的基础上，充分利用测井资料进行对比，建立各邻井之间的相序关系，以确定沉积相在二维空间的展布特征。

该连井剖面与西北物源方向近于平行，总体处于一个湖平面逐渐上升的过程。

（1）T_1b_1 沉积时期：该剖面以扇三角洲平原沉积为主，发育泥石流及漫流沉积。

（2）T_1b_2 沉积时期：该剖面以扇三角洲前缘沉积为主，只有玛湖 2 井发育扇三角洲平原，相比较 T_1b_1 扇三角洲前缘亚相发育程度明显加大，占据主要优势。其中主要发育水下分流河道、支流间湾，碎屑流次之。在玛湖 2 井和玛湖 012 井顶部和底部发育少量泥岩。中部发育大量牵引流砂砾岩和少量重力流砂砾岩。

（3）T_1b_3 沉积时期：湖平面继续上升，该剖面全部演化为扇前三角洲亚相。其中山前三角洲内主要发育前三角洲泥，夹杂少量河口沙坝（图 2-24）。

3）平面相分布

（1）T_1b_1 沉积时期：湖平面开始上升，艾湖 2 井区扇三角洲平原亚相的面积向物源方向小幅收敛，以扇三角洲前缘亚相为主体；艾湖 10 井和艾湖 014 井处由泥石流微相演变碎屑流微相，水下分流河道微相位于艾湖 012 井和玛 607 井前方的湖盆中心区域；玛西地区的艾湖 2 井区的前缘面积向西北部小幅缩小；支流间湾则位于水下分流河道朵体之间或者呈"透镜状"分布在碎屑流微相和水下分流河道微相之中；整个研究区的前扇三角洲泥的面积有所增大（图 2-25a）。

（2）T_1b_2 沉积时期：湖平面继续上升，玛湖 1 井区扇三角洲平原的面积向物源方向小幅收敛，以扇三角洲前缘亚相为主体；玛湖 17 井和玛湖 3 井处由碎屑流微相演变水下分流河道微相，水下分流河道微相位于玛湖 17 井前方的湖盆中心区域；玛西地区的玛湖 1 井区的前缘面积向西北边缩小；支流间湾则位于水下分流河道朵体之间或者呈"透镜状"分布在水下分流河道微相之中；整个研究区的前扇三角洲泥的面积有所增大（图 2-25b）。

（3）T_1b_3 沉积时期：湖平面进一步上升，艾湖 2 井区几乎为扇三角洲前缘环境；碎屑流微相向物源方向大幅后退，水下分流河道面积依然较大；玛西地区的艾湖 2 井区的扇三角洲前缘面积进一步缩小，玛 607 井脱离水下分流河道环境，为前扇三角洲泥（图 2-25c）。

2. 玛北地区三叠系百口泉组

1）单井沉积相

在玛北地区百口泉组相标志的基础上，选择重要探井玛 001 井和玛 18 井百口泉组为目标进行单井沉积相分析。

玛 001 井：该井位于玛 2 井区，距离西北方的物源区较远。自下而上可以识别出三个完整的沉积亚相类型：扇三角洲平原亚相、扇三角洲前缘亚相、前扇三角洲亚相。其中，扇三角洲平原亚相主要分布在 T_1b_1 和 $T_1b_2^2$ 的下半部分；扇三角洲前缘亚相主要分布在 $T_1b_2^2$ 的上半部分和 $T_1b_2^1$ 的全部及 T_1b_3 的下半部分；前扇三角洲亚相仅分布在 T_1b_3 的上半

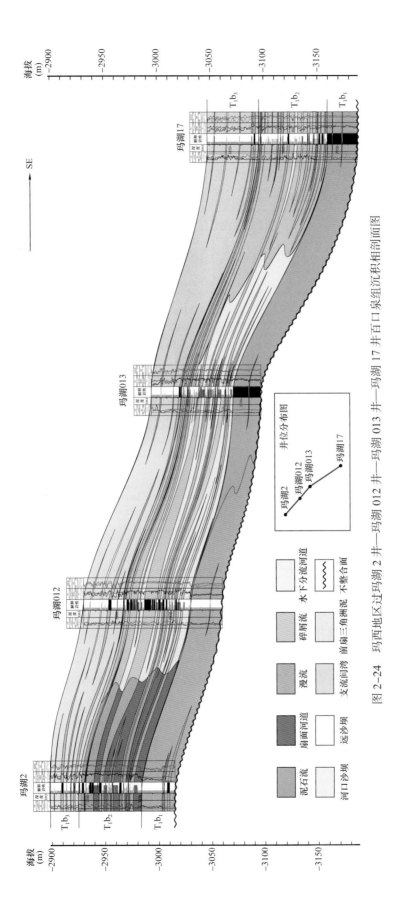

图 2-24 玛西地区过玛湖 2 井—玛湖 012 井—玛湖 013 井—玛湖 17 井百口泉组沉积相剖面图

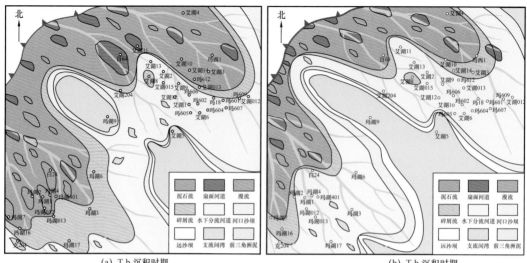

(a) T_1b_1沉积时期 　　　　　　　　　(b) T_1b_2沉积时期

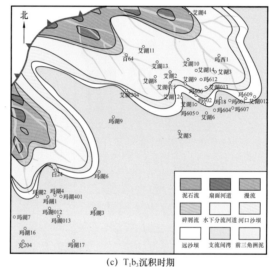

(c) T_1b_3沉积时期

图 2-25　玛西地区三叠系百口泉组沉积相平面图

部分。总体显示出一个明显的湖进过程（图 2-26）。亚相内各微相类型发育齐全，扇三角洲平原泥石流微相占主要地位，扇面河道次之，漫流主要集中分布在 T_1b_1 的顶部；而扇三角洲前缘水下分流河道微相占主要地位，重力流成因的碎屑流微相所占比例明显减小，仅分布在 $T_1b_2^2$ 的上半部分和 $T_1b_2^1$ 的下半部分，支流间湾微相则夹杂在水下分流河道微相之内，该井未见河口沙坝微相；前扇三角洲亚相内仅见前扇三角洲泥微相，其经常与扇三角洲前缘亚相内的远沙坝微相呈互层状产出。

　　玛 18 井：该井距离西部的物源区较远，自下而上可以识别出两个沉积亚相类型：扇三角洲前缘亚相、前扇三角洲亚相。其中扇三角洲前缘亚相占绝对优势，未见扇三角洲平原亚相，表明该井距离物源区远，在百口泉组沉积时期，一直处于水下沉积环境。扇三角洲前缘亚相分布在 T_1b_1、$T_1b_2^2$、$T_1b_2^1$ 以及 T_1b_3 的下半部分，前扇三角洲亚相仅分布在 T_1b_3 的上半部分，分布区间十分局限。总体显示出一个明显的湖进过程（图 2-27）。亚相

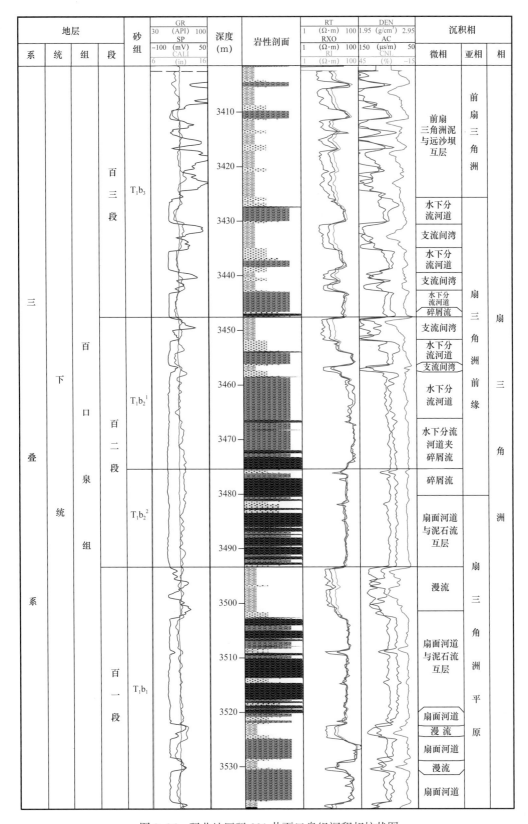

图 2-26 玛北地区玛 001 井百口泉组沉积相柱状图

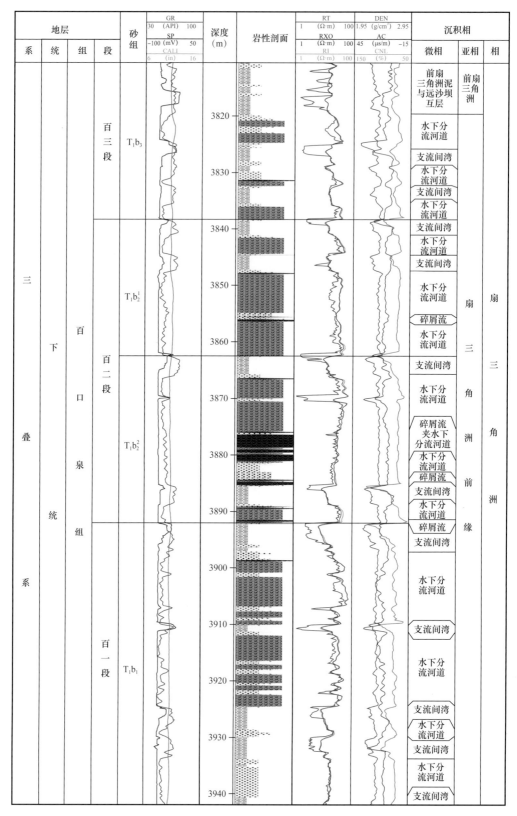

图 2-27 玛北地区玛 18 井百口泉组沉积相柱状图

内各微相类型发育齐全，扇三角洲前缘亚相内发育水下分流河道、碎屑流、支流间湾、远沙坝等沉积微相，未见河口沙坝微相，其中，水下分流河道微相占主要地位，重力流成因的碎屑流微相所占比例明显很小，仅分布在 $T_1b_2^2$ 之中，支流间湾微相则夹杂在水下分流河道微相之间；前扇三角洲亚相内仅见前扇三角洲泥微相，其经常与扇三角洲前缘亚相内的远沙坝微相呈互层状产出。

2）连井沉积相

（1）夏90井—玛007井连井沉积相剖面。

该剖面与西北物源方向近于平行，可以看出 T_1b_1 和 $T_1b_2^2$ 沉积时期主要为扇三角洲平原亚相沉积，发育泥石流、扇面河道沉积，夹少量漫流沉积。泥石流砂体在剖面上的连续性较好，扇面河道多呈透镜状分布于泥石流中，横向连续性差；从 $T_1b_2^1$ 开始，湖平面上升至玛007井处，到 $T_1b_2^1$ 沉积末期，湖平面上升至夏90井处，$T_1b_2^1$ 内部包含扇三角洲平原及扇三角洲前缘两个亚相，平原亚相沉积特征与 T_1b_1 和 $T_1b_2^2$ 沉积时期相同，扇三角洲前缘亚相则以水下分流河道微相为主，碎屑流微相次之；T_1b_3 沉积时期，基本上演化为扇三角洲前缘亚相沉积，以水下分流河道微相为主，碎屑流微相主要分布在靠近物源方向的夏90井、夏94井处；此外，在玛13井附近，由于处于西北与东北两大扇三角洲扇体之间，在 T_1b_3 沉积末期，演化为前扇三角洲亚相，沉积了近30m的泥岩（图2-28）。

（2）夏90井—玛2井连井沉积相剖面。

该剖面亦与西北物源方向近于平行，总体处于一个湖平面逐渐上升的过程。

① T_1b_1 沉积时期：该剖面全部为扇三角洲平原亚相，包括扇面河道、泥石流、漫流微相，泥石流微相在靠近物源一侧的夏90井、风南10井处比较发育，而向湖盆中心方向越来越少。漫流微相发育程度低，呈"透镜状"夹杂在扇面河道及泥石流微相之中。

② $T_1b_2^2$ 沉积时期：基本仍处于扇三角洲平原环境，但湖盆中心的玛2井在该时期的末期，开始演化为扇三角洲前缘亚相。较上一时期，泥石流微相发育程度明显加大，占据绝对优势，扇面河道微相的砂砾岩、砂岩及少量漫流微相的泥岩呈"透镜状"夹杂在泥石流砂砾岩之中。

③ $T_1b_2^1$ 沉积时期：除了夏90井全部为扇三角洲平原亚相之外，其余井已部分或全部演化为扇三角洲前缘亚相，可见一个快速的湖平面上升过程。扇三角洲平原内仍以泥石流占主导地位，扇三角洲前缘则以水下分流河道为主，碎屑流及支流间湾次之。

④ T_1b_3 沉积时期：湖平面继续上升，该剖面全部演化为水下沉积环境，其中，夏90井、风南10井为扇三角洲前缘环境，其余井则基本处于前扇三角洲环境。扇三角洲前缘内以水下分流河道、碎屑流为主，支流间湾次之，玛2井处还可见少量河口沙坝沉积，远沙坝呈薄层状，常与前扇三角洲泥互层。碎屑流主要分布在近物源一侧，水下分流河道主要分布在靠近湖盆中心一侧。末期，玛13井、玛138井、玛2井全部发育前扇三角洲泥，其中，玛138井位于两大扇体之间的湖湾区，泥岩厚度巨大，其内夹有少量滑塌碎屑流沉积（图2-29）。

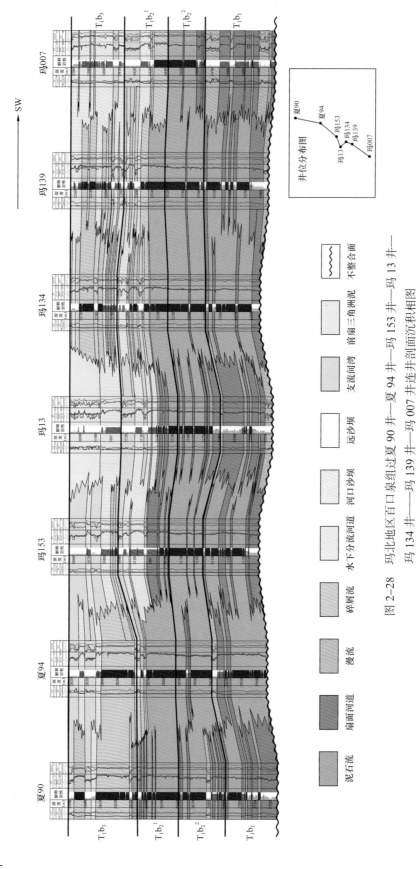

图 2-28 玛北地区百口泉组过夏 90 井—夏 94 井—玛 153 井—玛 13 井—玛 134 井—玛 139 井—玛 007 井连井剖面沉积相图

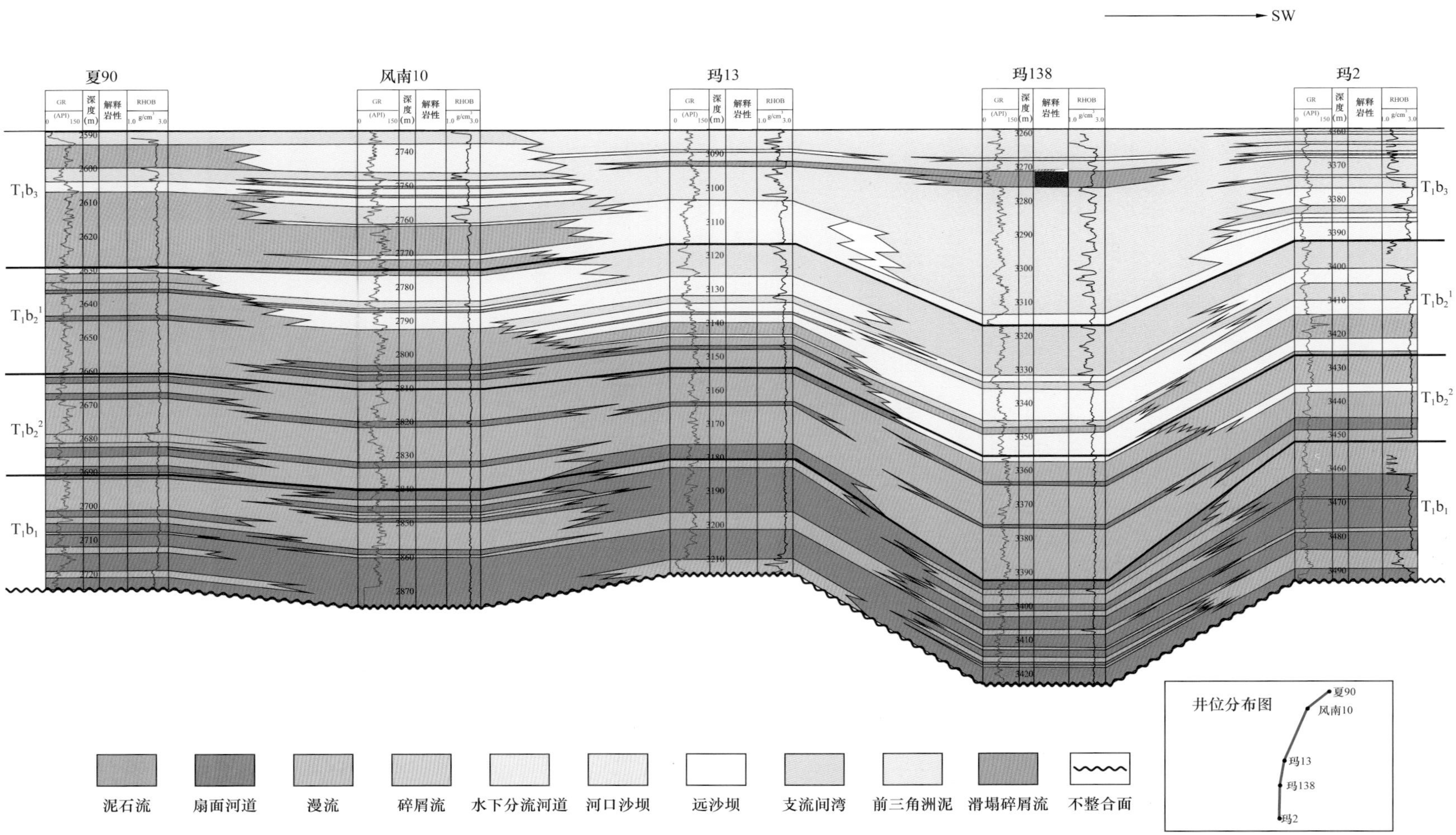

图 2-29　玛北地区百口泉组过夏 90 井—风南 10 井—玛 13 井—
玛 138 井—玛 2 井连井剖面沉积相

3）平面相分布

（1）T_1b_1沉积时期：湖平面较低，来自西北、东北方向的物源在玛北地区形成了一套扇三角洲沉积体，整体以扇三角洲平原亚相为主，可达玛009井处，扇三角洲前缘亚相则延伸至湖盆中心。扇三角洲平原内以泥石流微相占绝对优势，扇面河道和漫流微相呈"透镜状"点缀其中；扇三角洲前缘的碎屑流位于泥石流前方，与之连续接触，水下分流河道主体位于扇三角洲前缘的最前方，面积较碎屑流更大一些；玛西地区的玛18井区由西部提供物源，发育扇三角洲前缘亚相，碎屑流微相可达玛101井，水下分流河道则位于碎屑流的前方，扇三角洲前缘的最前端还发育河口沙坝和远沙坝微相，面积较小。两斜坡发育的扇三角洲朵体之间为湖湾泥（前扇三角洲泥）沉积区域（图2-30a）。

（2）$T_1b_2^2$沉积时期：湖平面开始上升，玛北地区扇三角洲平原的面积向物源方向小幅收敛，仍以泥石流微相为主体；玛009井和玛004井处由泥石流微相演变为碎屑流微相，水下分流河道微相位于玛009井和玛004井前方的湖盆中心区域；玛西地区的玛18井区的前缘面积向西部小幅缩小；整个研究区的前扇三角洲泥的面积有所增大（图2-30b）。

（3）$T_1b_2^1$沉积时期：湖平面急剧上升，玛北地区的扇三角洲平原面积大幅缩小，西北扇体的平原亚相退缩至玛131井附近，东北扇体的平原亚相退缩至玛7井处；扇三角洲前缘面积进一步增大，并占据主导地位，其中，碎屑流微相较上一时期退缩至玛4井、玛139井及玛5井附近，水下分流河道的面积则进一步加大，支流间湾则位于水下分流河道朵体之间或者呈"透镜状"分布在碎屑流微相和水下分流河道微相之中；玛西地区的玛18井区，其前缘亚相也向西部物源方向缩小，玛西1井演变为水下分流河道微相，玛6井脱离前缘环境，为前扇三角洲泥微相（图2-30c）。

（4）T_1b_3沉积时期：湖平面进一步上升，玛北地区全部为扇三角洲前缘环境，两大扇三角洲前缘朵体之间形成湖湾区；碎屑流微相向物源方向大幅后退，水下分流河道面积依然较大，且点缀分布有少量支流间湾和碎屑流微相；玛西地区的玛18井区的扇三角洲前缘面积进一步缩小，玛101井脱离水下分流河道环境，为前扇三角洲泥微相（图2-30d）。

3. 玛北地区二叠系下乌尔禾组

1）单井沉积相

玛2井：该井位于玛2井区，距离西北方物源区较远。自下而上乌四段可以识别出两个完整的亚相类型：（1）扇三角洲前缘亚相（$P_2w_4^{2-2}$、$P_2w_4^{2-1}$、$P_2w_4^{1-2}$），以砂砾岩和砂岩为主，夹杂着薄层泥岩，泥岩多为支流间湾泥，自然电位曲线为微齿化，低—中幅的箱形，局部能看出粒序向上变细的上升半旋回趋势。微相上多为有储层前景的水下分流河道微相，还有一些碎屑流沉积。在$P_2w_4^{2-2}$底部发育碎屑流和水下分流河道沉积，向上发育间湾沉积，岩性变细，体现出一个湖进的过程。（2）前扇三角洲沉积亚相（$P_2w_4^{1-1}$），岩性较细，多为泥岩。总体展现出一个湖进到湖退、再到湖进的复合过程（图2-31）。

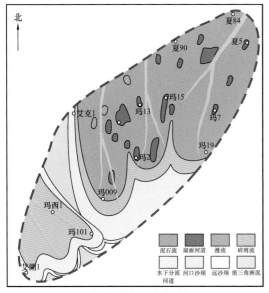

(a) 百口泉组T₁b₁¹沉积时期

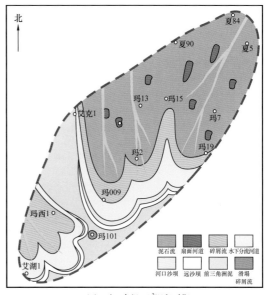

(b) 百口泉组T₁b₁²沉积时期

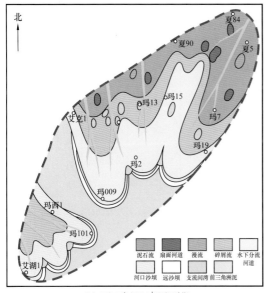

(c) 百口泉组T₁b₁³沉积时期

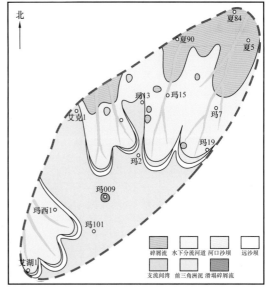

(d) 百口泉组T₁b₃³沉积时期

图 2-30 玛北地区百口泉组各小层沉积时期沉积相分布图

风南 14 井：该井位于玛西地区的风南井区，距离西部的物源区较近。该井乌三段识别出一套扇三角洲前缘亚相沉积，未见扇三角洲平原亚相及前三角洲亚相。这说明在乌尔禾组沉积时期该井区一直处于水下沉积环境。总体显示出一个湖进到湖退再到湖退的过程。扇三角洲前缘亚相内各微相类型发育齐全，发育水下分流河道、碎屑流、支流间湾、远沙坝等沉积微相。其中，主要以碎屑流微相占主要地位，牵引流成因的沉积微相——水下分流河道微相所占比例明显很小，支流间湾微相则夹杂在水下分流河道微相之间（图 2-32）。

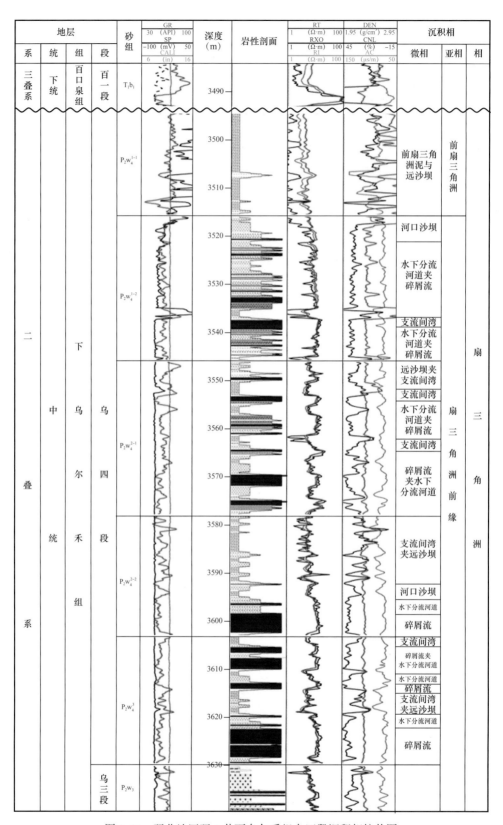

图 2-31 玛北地区玛 2 井下乌尔禾组乌四段沉积相柱状图

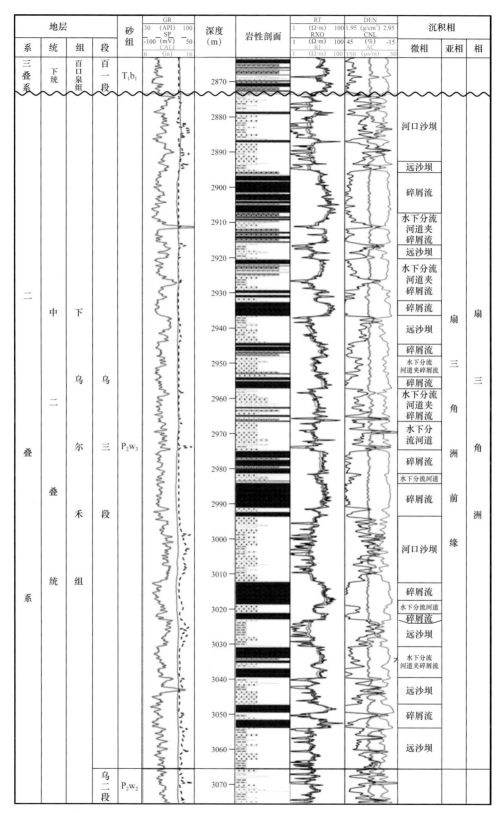

图 2-32　玛北地区风南 14 井下乌尔禾组乌三段沉积相柱状图

艾克 1 井：该井距离西部的物源区较近。该井乌一段识别出一套扇三角洲前缘亚相沉积，未见扇三角洲平原亚相及前三角洲亚相。这说明在下乌尔禾组沉积时期该井区一直处于水下沉积环境。总体显示出一个湖进到湖退再到湖退的过程。

扇三角洲前缘亚相内各微相类型发育齐全，发育水下分流河道、碎屑流、支流间湾、远沙坝等沉积微相（图 2-33）。

2）连井沉积相

（1）玛 005—玛 19 井连井沉积相剖面。

由该剖面可以看出，下乌尔禾组 P_2w_2 沉积时期为扇三角洲沉积。玛 5 井、玛 19 井在 $P_2w_4^3$ 沉积时期位于水上环境，发育扇三角洲前缘亚相、前扇三角洲及扇三角洲平原亚相，从取得资料分析认为，研究层段以扇三角洲前缘亚相为主，扇三角洲平原亚相沉积发育较少。在 $P_2w_4^{1-2}$、$P_2w_4^{2-1}$、$P_2w_4^{2-2}$ 以水下分流河道微相为主，与支流间湾微相交替出现，中间夹杂着一些重力流沉积，总体是阶段性多旋回性的湖面上升阶段，在 $P_2w_4^{2-2}$ 沉积时期经历湖面短暂下降。$P_2w_4^{1-1}$ 多以泥岩为主，砂岩含量很少，其余为浊流沉积成因的砂砾岩。由于工区构造简单，没有大断裂，为低角度的单斜构造，所以层厚比较稳定，尤其是 $P_2w_4^{1-1}$ 内前扇三角洲沉积岩性变化都很稳定，其他几条北东走向的连井剖面特征大致相似（图 2-34）。

（2）艾参 1 井—夏 201 井连井沉积相剖面。

通过该连井剖面可以看出，下乌尔禾组 P_2w_3 沉积时期为扇三角洲沉积，基本上处于水下环境，发育扇三角洲的前缘亚相和前扇三角洲亚相。其中，以扇三角洲前缘亚相为主，前扇三角洲亚相沉积发育较局限。总体以水下分流河道微相为主，与支流间湾微相交替出现，中间夹杂着一些重力流沉积（图 2-35）。

3）平面相分布

在下乌尔禾组单井、连井沉积相分析的基础上，以各小层为研究对象，进行各沉积时期的沉积微相分析。

（1）P_2w_1 沉积时期：湖平面较低，来自西北、东北方向的物源在玛北地区形成了一套扇三角洲沉积体，整体以扇三角洲前缘亚相为主，扇三角洲前缘亚相延伸至湖盆中心。扇三角洲平原内以泥石流微相占绝对优势，扇面河道和漫流微相呈"透镜状"点缀其中；扇三角洲前缘的碎屑流沉积位于泥石流沉积前方，水下分流河道主体位于扇三角洲前缘的最前方，面积较碎屑流沉积范围更大一些；玛西地区的玛 18 井区由西部提供物源，发育扇三角洲前缘亚相，水下分流河道则位于碎屑流沉积范围的前方，扇三角洲前缘的最前端还发育河口沙坝和远沙坝微相，沉积范围面积较小（图 2-36a）。

（2）P_2w_2 沉积时期：湖平面开始上升，玛北地区扇三角洲平原的沉积面积向物源方向小幅收敛，仍以扇三角洲前缘为主体；玛西地区玛 18 井区附近的前缘亚相沉积面积向西部小幅缩小；整个研究区前扇三角洲泥的沉积面积有所增大（图 2-36b）。

（3）P_2w_3 沉积时期：沉积湖平面继续上升，玛北地区的扇三角洲前缘沉积面积小幅缩小，玛西地区玛 18 井区附近的前缘面积向西边继续小幅缩小；整个研究区的前扇三角洲泥的沉积面积继续增大（图 2-36c）。

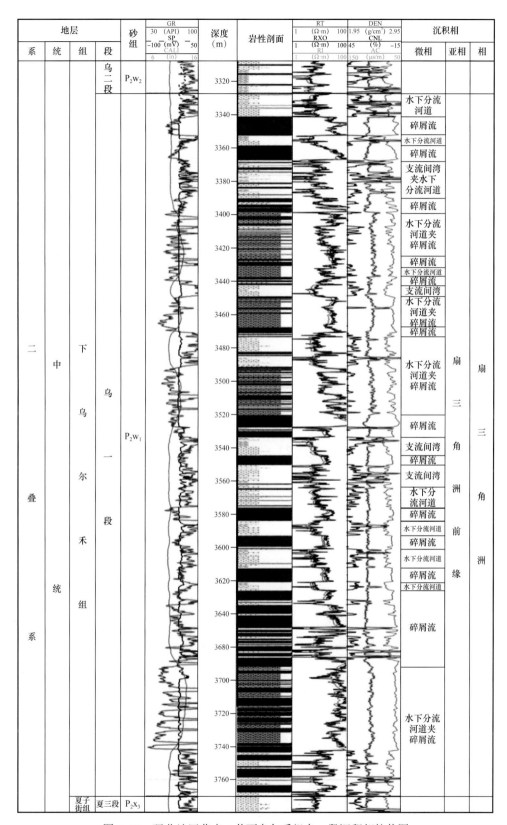

图 2-33　玛北地区艾克 1 井下乌尔禾组乌一段沉积相柱状图

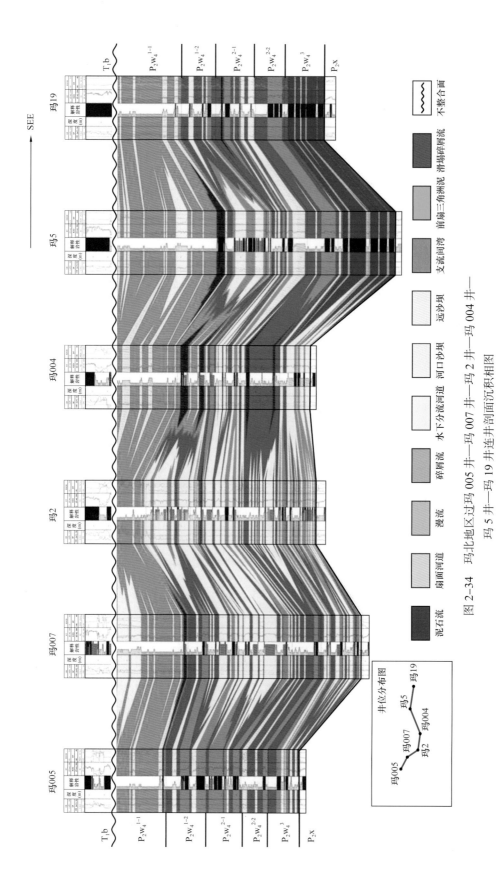

图 2-34　玛北地区过玛 005 井一玛 007 井一玛 2 井一玛 004 井一玛 5 井一玛 19 井连井剖面沉积相图

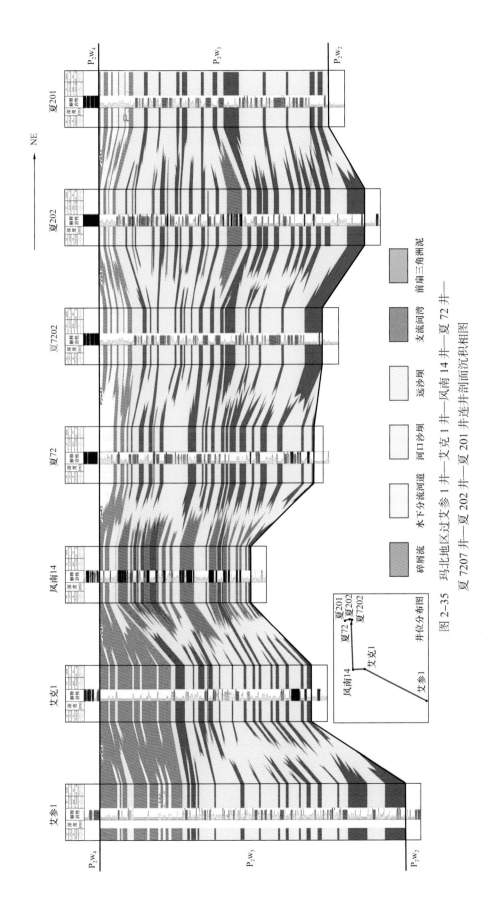

图 2-35 玛北地区过艾参 1 井—艾克 1 井—风南 14 井—夏 72 井—
夏 7207 井—夏 202 井—夏 201 井连井剖面沉积相图

（4）$P_2w_4^3$ 沉积时期：湖平面较低，来自西北、东北方向的物源在玛北地区形成了一套扇三角洲沉积体，整体以扇三角洲平原亚相为主，延伸可达玛 19 井处，扇三角洲前缘亚相则延伸至湖盆中心。扇三角洲平原内泥石流微相占绝对优势，扇面河道和漫流微相呈"透镜状"点缀其中；扇三角洲前缘的碎屑流微相位于泥石流前方，与之连续接触，水下分流河道主体位于扇三角洲前缘的最前方，沉积范围面积较碎屑流更大一些；玛西地区的玛 18 井区由西部提供物源，发育扇三角洲前缘亚相，碎屑流微相可达艾湖 2 井，水下分流河道则位于碎屑流的前方，扇三角洲前缘的最前端还发育河口沙坝和远沙坝微相，沉积面积较小（图 2–36d）。

（5）$P_2w_4^{2-2}$ 沉积时期：湖平面开始上升，玛北地区扇三角洲平原的面积向物源方向小幅收敛，仍以泥石流微相为主体；玛 19 井和玛 5 井处泥石流微相演变为碎屑流微相，水下分流河道微相位于玛 001 井和玛 004 井前方的湖盆中心区域；玛西地区的玛 18 井区的前缘亚相沉积面积向西小幅缩小；整个研究区的前扇三角洲泥的分布面积有所增大（图 2–36e）。

（6）$P_2w_4^{2-1}$ 沉积时期：湖平面下降，玛北斜坡区的扇三角洲平原面积小幅增加，西北扇体的平原亚相延伸至玛 4 井附近。其中，碎屑流微相较上一时期进积至玛 001 井、玛 002 井附近，支流间湾则位于水下分流河道朵体之间，或者呈"透镜状"分布在碎屑流微相和水下分流河道微相之中（图 2–36f）。

（7）$P_2w_4^{1-2}$ 沉积时期：湖平面上升，玛北斜坡区扇三角洲平原的展布面积向物源方向有所收敛，仍以泥石流微相为主体；水下分流河道微相位于玛 007 井和玛 001 井前方的湖盆中心区域；玛西斜坡玛 18 井区的前缘亚相面积向西部小幅缩小；整个研究区的前扇三角洲泥的分布面积增大（图 2–36g）。

（8）$P_2w_4^{1-1}$ 沉积时期：湖平面急剧上升，玛北斜坡区的扇三角洲平原沉积消失；扇三角洲前缘分布范围仅存留于西北和东北两个扇体，仅剩余水下分流河道、河口沙坝、远沙坝微相；玛西地区的玛 18 井区，则为前扇三角洲泥（图 2–36h）。

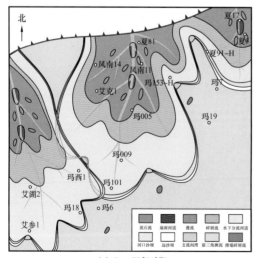

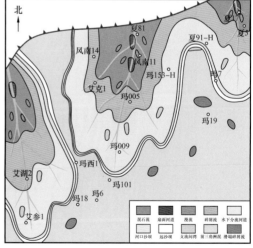

（a）P_2w_1 沉积时期　　　　　　　　　　（b）P_2w_2 沉积时期

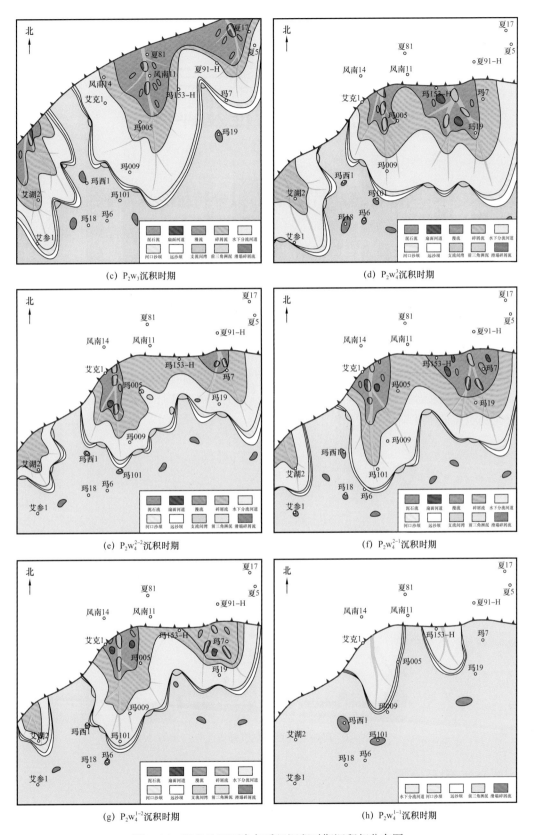

(c) P₂w₃沉积时期

(d) P₂w₄³沉积时期

(e) P₂w₄²⁻²沉积时期

(f) P₂w₄²⁻¹沉积时期

(g) P₂w₄¹⁻²沉积时期

(h) P₂w₄¹⁻¹沉积时期

图 2-36 玛北地区下乌尔禾组沉积时期沉积相分布图

第三章　玛湖凹陷二叠—三叠系砂砾岩储层微观特征及评价

第一节　岩石组分特征

一、玛西地区三叠系百口泉组

1. 砾级组分

在玛西地区三叠系百口泉组主要识别出重力流成因砂体（砂砾岩相）和牵引流成因砂体（包括砂砾岩相、含砾砂岩相和中粗砂岩相）两种不同成因的岩石相类型。其中，砂砾岩相和含砾砂岩相内，砾石成分主要为岩浆岩类，沉积岩类次之，变质岩类含量最低（图3-1）。而岩浆岩类砾石又以凝灰岩和花岗岩为主（图3-2）。玛湖1井区岩浆岩类砾石组分比例明显低于艾湖2井区和玛18井区。

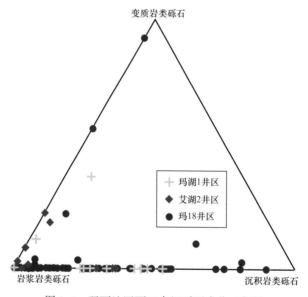

变质岩类砾石

| 玛湖1井区 |
| 艾湖2井区 |
| 玛18井区 |

岩浆岩类砾石　　　　　　　　　　　　沉积岩类砾石

图3-1　玛西地区百口泉组砾石成分三角图

2. 砂级组分

从百口泉组储层内砂质颗粒成分三角图来看（图3-3），石英颗粒和长石颗粒含量较少。其中石英颗粒主要为单晶石英，零星夹杂着喷出成因的石英颗粒，具明显的蚀港湾状边或圆化边；长石颗粒主要为钾长石（斜长石较为少见），常遭受后期溶蚀形成粒内溶孔。平面上，玛湖 1 井区研究层段的石英颗粒含量略高于玛 18 井区和艾湖 2 井区。

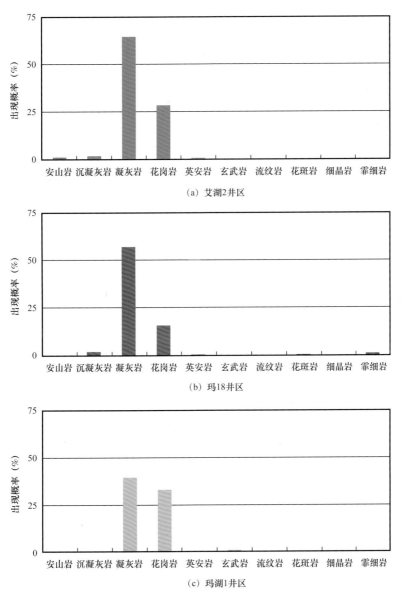

图 3-2　玛西地区三叠系百口泉组不同井区岩浆岩类砾石构成图

砂级颗粒成分主要为岩屑颗粒，其中以岩浆岩类岩屑为主，变质岩类岩屑和沉积岩类岩屑含量较少。针对岩浆岩岩屑，则主要以凝灰岩岩屑和花岗岩岩屑，二者基本上占据了全部的岩浆岩岩屑组分。平面上，玛湖 1 井区研究层段内的岩浆岩组分含量明显低于艾湖 2 井区和玛 18 井区（图 3-3）。

3. 易溶颗粒组分

由于近物源储集体的砂砾岩储层在酸性介质条件下形成溶蚀改造，化学不稳定的花岗岩岩屑和长石颗粒在各井区分布差异明显（图3-4）。

　　大量的镜下观察表明，溶蚀主要针对砾级颗粒，砂级颗粒的溶蚀效应并不明显。数据对比表明，玛湖1井区的溶蚀物质含量明显较高，艾湖2井区次之。

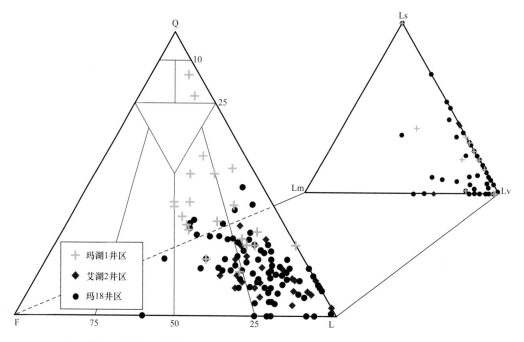

Q—石英；F—长石；L—岩屑；Ls—沉积岩；类岩屑；Lm—变质岩类；岩屑；Lv—岩浆岩类岩屑

图3-3　玛西地区三叠系百口泉组砂级成分三角图

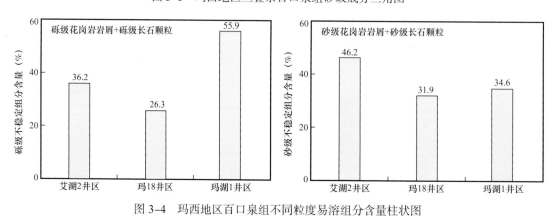

图3-4　玛西地区百口泉组不同粒度易溶组分含量柱状图

4. 填隙物组分

　　百口泉组储层内填隙物主要由杂基和胶结物两部分组成。其中，杂基可以按照成分分为泥质和水云母化泥质两类，平均含量为3.22%，最高可达28%，对于储层储集物性有明显的制约效应。不同沉积成因砂体内杂基含量呈现明显差异，其中碎屑流和泥石流为主的重力流沉积砂砾岩层段内，杂基含量较为富集，而在水下分流河道沉积砂体内，杂基含量较低（图3-5）。

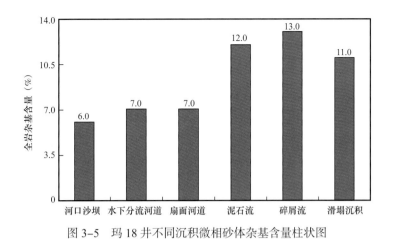

图 3-5　玛 18 井不同沉积微相砂体杂基含量柱状图

二、玛北地区三叠系百口泉组

1. 砾级组分

玛北地区百口泉组同样识别出重力流成因砂体和牵引流成因砂体。其中，砂砾岩相和含砾砂岩相内，砾石成分主要为岩浆岩类，变质岩类和沉积岩类砾石成分次之（图 3-6）。其砾石分布在不同井区和层段间呈现出明显的差异。以岩浆岩类砾石相对含量为例，玛 18 井区自下而上呈现明显降低的趋势，而玛 2 井区和玛 131 井区则呈现递增的趋势（表 3-1、图 3-7）。

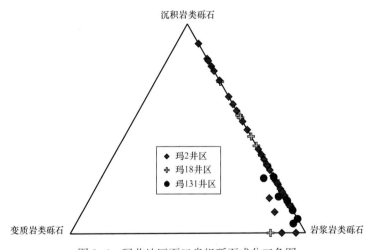

图 3-6　玛北地区百口泉组砾石成分三角图

按照不同类型砾石成分平面分布来看（图 3-8、图 3-9）差异主要体现在岩浆岩类砾石和沉积岩类砾石相对含量上。其中，岩浆岩类砾石基本占据绝对多数，而沉积岩类砾石相对含量的高值区大致在三个区域：夏 72—夏 90 井区（东北方向）、玛 16 井区（西北方向）和艾湖 1—玛 18 井区（西向）。从数据点分布较多的 T_1b_1 和 $T_1b_2^1$ 对比可以看出，沉积岩类砾石呈现自下而上含量降低，且分布范围明显收缩。

表 3-1 玛北地区不同井区百口泉组砾石成分统计表

层段	砾石成分类型	玛 18 井区	玛 2 井区	玛 131 井区	玛 15 井区	夏 72 井区
T_1b_3	岩浆岩砾石（%）	33.3～76.9 / 55.1	64.9～100 / 93.7	—	69.2～100 / 91.7	79.7～100 / 96.6
	沉积岩砾石（%）	23.1～66.7 / 44.9	0～30 / 4.8	—	0～30.8 / 7.3	0～20.3 / 3.4
	变质岩砾石（%）	0～0 / 0	0～29.4 / 1.5	—	0～6.0 / 1.0	0～0 / 0
$T_1b_2{}^1$	岩浆岩砾石（%）	14.1～100 / 56.0	34.8～100 / 87.0	69.2～100 / 92.8	89.3～100 / 94.6	38.9～80 / 59.4
	沉积岩砾石（%）	0～85.9 / 44.0	0～65.2 / 11.4	0～26.7 / 6.1	0～4.8 / 2.4	15.4～61.1 / 38.2
	变质岩砾石（%）	0～0 / 0	0～23.1 / 1.5	0～7.1 / 1.1	0～6.0 / 3.0	0～4.6 / 2.3
$T_1b_2{}^2$	岩浆岩砾石（%）	58.8～100 / 73.4	9.4～100 / 82.8	90～90 / 90	—	—
	沉积岩砾石（%）	0～41.2 / 26.6	0～90.6 / 11.7	10～10 / 10	—	—
	变质岩砾石（%）	0～0 / 0	0～59.8 / 5.4	0～0 / 0	—	—
T_1b_1	岩浆岩砾石（%）	27.7～100 / 77.9	16.7～100 / 73.8	78.2～92.6 / 83.6	—	31.3～76.3 / 62.2
	沉积岩砾石（%）	0～72.3 / 21.4	0～83.3 / 26.0	0～17.3 / 7.2	—	22.7～65.0 / 36.5
	变质岩砾石（%）	0～14.8 / 0.7	0～8.3 / 0.2	2.7～21.8 / 9.1	—	0～3.8 / 1.4

注：$\dfrac{33.3～76.9}{55.1}$ 为 $\dfrac{最小值～最大值}{平均值}$。

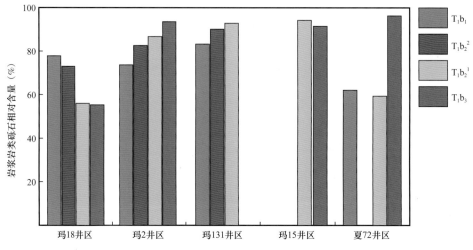

图 3-7 玛北地区百口泉组岩浆岩类砾石成分柱状图

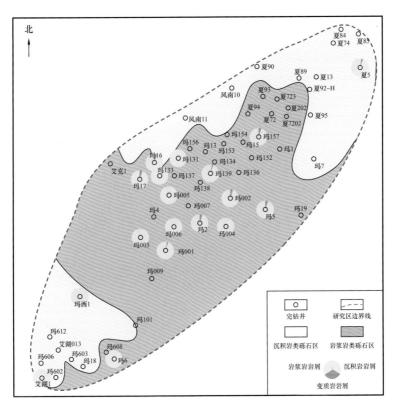

图 3-8 玛北地区百口泉组二段（$T_1b_2^1$）砾石成分平面分布图

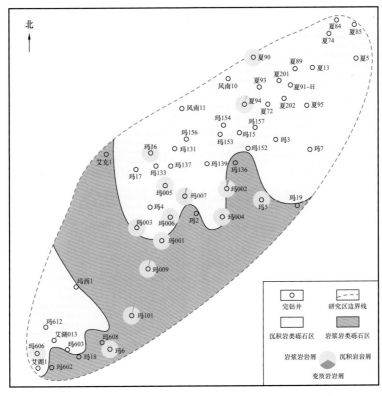

图 3-9 玛北地区百口泉组一段（T_1b_1）砾石成分平面分布图

2. 砂级组分

玛北地区百口泉组储层内砂质颗粒成分三角图表明（图 3-10）石英颗粒和长石颗粒含量较少。其中石英颗粒主要为单晶石英，零星夹杂着喷出成因的石英颗粒，具明显的蚀港湾状边或圆化边（图 3-11）；长石颗粒主要为钾长石，常遭受后期溶蚀形成粒内溶孔。

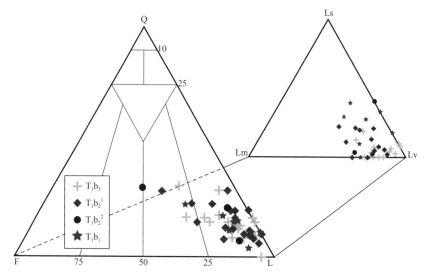

Q—石英；F—长石；L—岩屑；Ls—沉积岩；类岩屑；Lm—变质岩类；岩屑；Lv—岩浆岩类岩屑

图 3-10　玛北地区百口泉组砂级颗粒组分三角图

Lv—火山岩岩屑（砾石成分）；Ma—泥质杂基；Q—火山石英

图 3-11　玛北地区百口泉组喷出成因石英颗粒显微图版

砂级颗粒成分主要为岩屑颗粒，其中以岩浆岩类岩屑为主，变质岩类岩屑和沉积岩类岩屑含量较少。垂向上，百口泉组不同层段内砂级颗粒成分整体上无明显的差异特征。

　　从不稳定组分整体含量的角度考虑，以岩浆质颗粒（包括岩浆岩砾石和岩浆岩岩屑）作为不稳定组分进行统计，可以看出岩浆质成分中主要以凝灰质（砾石和岩屑）为主，其次为安山质和流纹质（砾石和岩屑），其余岩浆质类型含量较低（图3-12）。

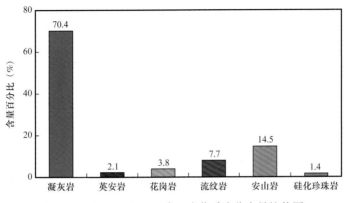

图3-12　玛北地区百口泉组岩浆质成分含量柱状图

3. 填隙物组分

　　玛北地区百口泉组内填隙物主要由杂基和胶结物两部分组成。其中，杂基可以按照成分分为泥质和水云母化泥质两类，平均含量为3.22%，最高可达28%，对于储层储集物性有明显的制约效应。另外，不同沉积成因砂体内杂基含量呈现明显差异（图3-13）。其中碎屑流和泥石流为主的重力流沉积砂砾岩层段内，杂基含量较为富集，而在水下分流河道沉积砂体内，杂基含量较低。

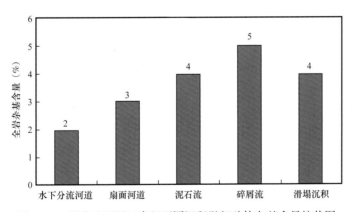

图3-13　玛北地区百口泉组不同沉积微相砂体杂基含量柱状图

三、玛北地区二叠系乌尔禾组

1. 砾级组分

　　玛北地区二叠系乌尔禾组主要识别出重力流和牵引流两种不同成因的砂体类型。其中，砂砾岩相和含砾砂岩相内，砾石成分主要为岩浆岩类，沉积岩类和变质岩类砾石成分次之（图 3-14）。

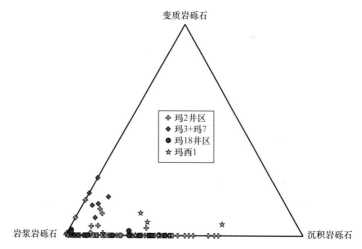

图 3-14　玛北地区下乌尔禾组砾石成分三角图

按照不同类型砾石成分平面分布差异主要体现在岩浆岩类砾石和沉积岩类砾石的相对含量上。其中，岩浆岩类砾石基本占据绝对多数，从数据点分布较多的 $P_2w_4^{1-2}$ 和 $P_2w_4^{2-1}$ 的砾石分布可以看出，距离物源越近的井区，岩浆岩类砾石含量高（图 3-15、图 3-16）。

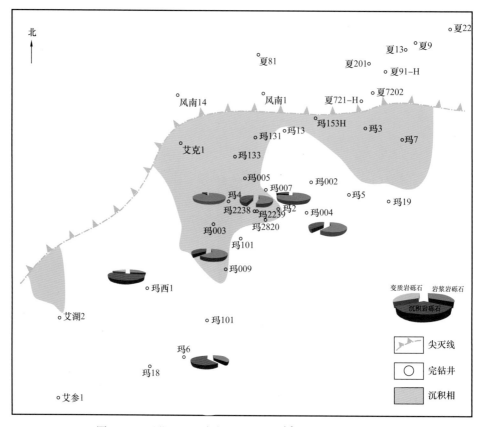

图 3-15　玛北地区下乌尔禾组（$P_2w_4^{1-2}$）砾石成分分布图

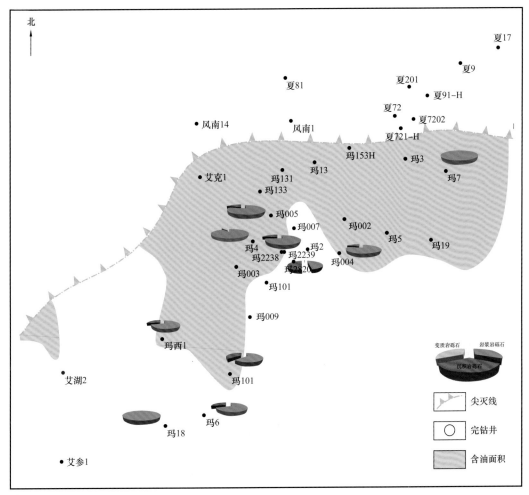

图 3-16 玛北地区下乌尔禾组（$P_2w_4^{2-1}$）砾石成分分布图

2. 砂级组分

玛北地区二叠系乌尔禾组储层内砂质颗粒成分三角图表明，石英颗粒和长石颗粒含量较少（图 3-17）。砂级颗粒成分主要为岩屑颗粒，其中以岩浆岩类岩屑为主，变质岩类岩屑和沉积岩类岩屑含量较少。

以岩浆质颗粒作为不稳定组分进行统计，可以看出岩浆质组分中主要以凝灰质为主，可见少量花岗岩、流纹岩和安山岩（图 3-18）。

3. 填隙物组分

填隙物按成因可分为胶结物和杂基两类。胶结物是以化学沉淀方式形成于粒间孔隙中的自生矿物。玛北地区以发育大量的浊沸石和凝灰质胶结物为特点。其中夏子街扇伊／蒙混层（I/S）、蚀变凝灰质分布频率较高，以浊沸石和凝灰质胶结为主；黄羊泉扇浊沸石、凝灰质、绿泥石和硅质分布频率较高，以浊沸石胶结为主（图 3-19、图 3-20）。

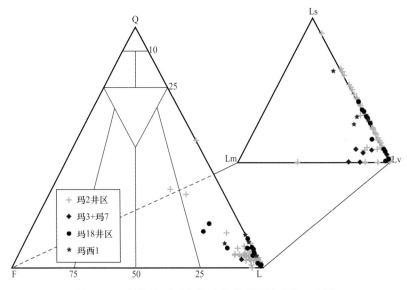

图 3-17 玛北地区下乌尔禾组砂质颗粒成分三角图

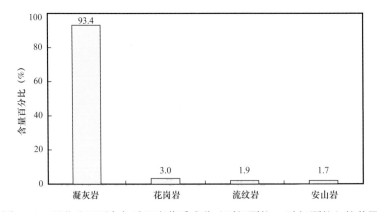

图 3-18 玛北地区下乌尔禾组岩浆质成分（砾级颗粒 + 砂级颗粒）柱状图

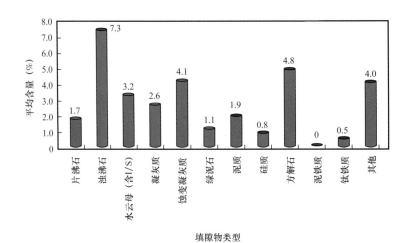

图 3-19 玛北地区下乌尔禾组夏子街扇胶结物发育情况（据 8 口井 40 块样品）

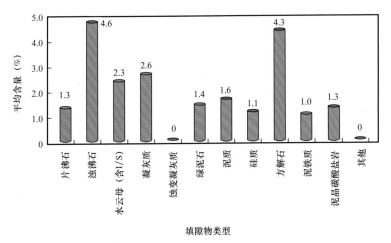

图 3-20　玛北地区下乌尔禾组黄羊泉扇胶结物发育情况（据 4 口井 17 块样品）

第二节　储层孔隙类型及分布

一、玛西地区三叠系百口泉组

1. 储层孔隙类型

作为近物源体系下的砂砾岩储集体，玛西地区百口泉组发育不同成因的储集空间。研究层段储集空间类型多样，主要包括原生粒间孔、粒内溶孔、填隙物收缩孔和微裂缝，其中原生粒间孔为沉积初始阶段形成的孔隙，而后三者均为成岩作用阶段形成的次生孔隙（图 3-21）。

根据孔隙度与渗透率的散点对比，发现不论是整体上的相关性，还是分岩性相关性，孔隙度与渗透率均呈现出大致的正相关，且没有表现出明显的指数相关的特征（图 3-22）。这一现象说明，玛西地区百口泉组裂缝发育较局限，没有典型的裂缝性储层的物性特征。

2. 孔隙分布

原生粒间孔、粒内溶孔及填隙物收缩孔差异明显。在全部 282 个样品中，原生粒间孔占储集空间比例大于 50% 的样品有 15 个，填隙物收缩孔占储集空间比例大于 50% 的样品有 27 个，粒内溶孔占储集空间比例大于 50% 的样品有 212 个（图 3-23）。因此，粒内溶孔是研究层段整体储集孔隙主要的类型，填隙物收缩孔和原生粒间孔发育较少。

不同成因类型岩石储集空间差异明显，主要表现为牵引流成因的砂砾岩原生粒间孔占比略高，而重力流成因的砂砾岩原生粒间孔占比略低（图 3-24）。但整体上，不同成因类型的岩石主要的孔隙类型仍为粒内溶孔。另外，值得一提的是，艾湖 2 井区及玛 18 井区内的填隙物收缩孔占比有一定增加，也较为常见。

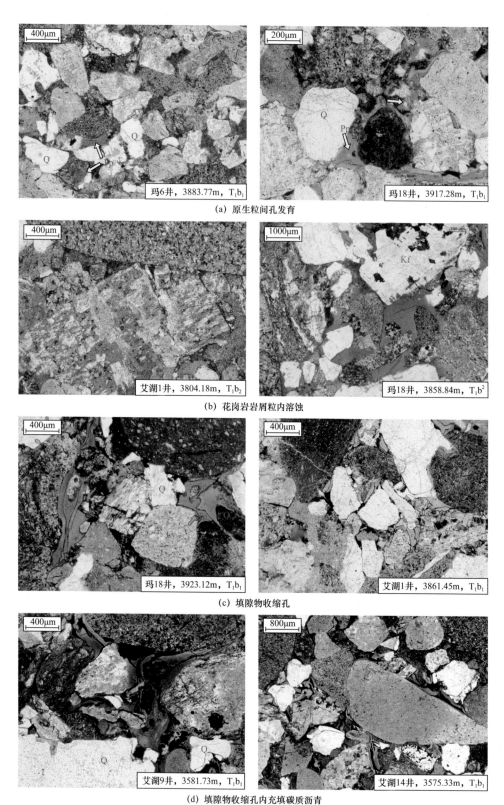

（a）原生粒间孔发育

（b）花岗岩岩屑粒内溶蚀

（c）填隙物收缩孔

（d）填隙物收缩孔内充填碳质沥青

Kf—钾长石；Lv—火山岩岩屑；Q—石英；Sp—溶蚀孔隙；Ma—原杂基；Pp—原生粒间孔

图3-21　玛西地区百口泉组储层孔隙类型显微图版

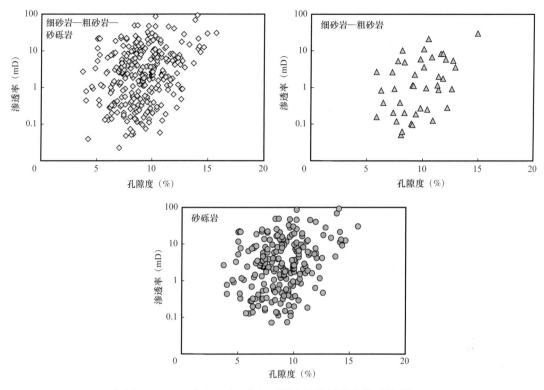

图 3-22 玛西地区百口泉组不同岩性储层孔渗关系散点图

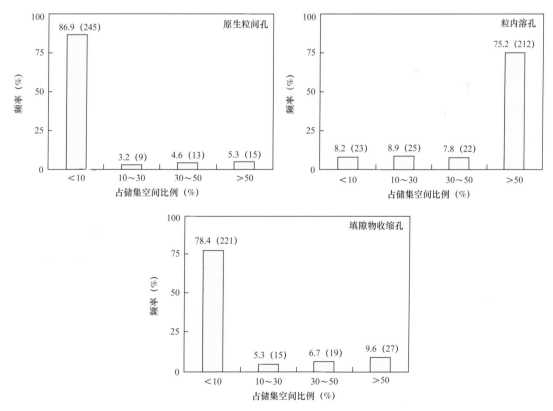

图 3-23 玛西地区百口泉组储层孔隙类型占储集空间比例频率柱状图

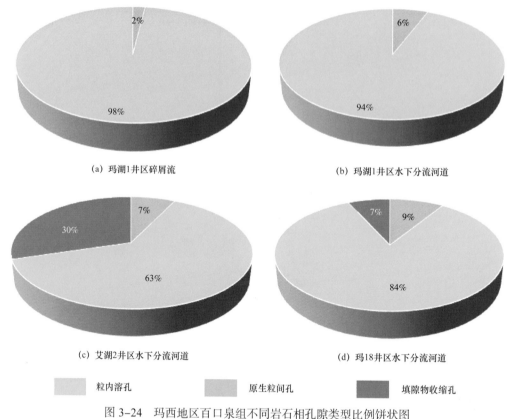

(a) 玛湖1井区碎屑流

(b) 玛湖1井区水下分流河道

(c) 艾湖2井区水下分流河道

(d) 玛18井区水下分流河道

　　粒内溶孔　　　　　　原生粒间孔　　　　　　填隙物收缩孔

图 3-24　玛西地区百口泉组不同岩石相孔隙类型比例饼状图

1）粒内溶孔

由于样品所限，单井层间储集空间类型差异仅就百一段与百二段之间进行对比。

以玛 18 井区单井层间对比为例，百二段粒内溶孔相对含量较高，而百一段相对含量较低。百二段多数样品的粒内溶孔含量达到 100%，而百一段样品中粒内溶孔含量离散程度较高（图 3-25）。

从粒内溶孔含量平面分布来看，主要呈现出由北向南逐渐降低的趋势。百一段的极高值主要分布在玛 101 井、艾湖 14 井、玛 601 井，而百二段则整体含量明显增加，与单井层间分布规律一致（图 3-26、图 3-27）。

2）填隙物（原杂基）收缩孔

（1）原杂基显微特征。

该类填隙物是指粒径小于 2mm 且以杂基的形式充填于碎屑颗粒间的细粒物质，其在显微状态下表现为光性方位不明显的混合物质，呈现类似泥质特征（图 3-28）。

从成分上来看，原杂基相对纯净，没有掺杂微小杂质，区别于碎屑岩储层内经典的杂基；从产状上来看，原杂基主要由极其微小的晶粒物质组成，类似泥质，区别于碎屑岩储层内经典的胶结物。

该类填隙物在后期埋藏过程中容易蚀变，如酸性溶蚀、脱水收缩、绿泥石化等，其中，酸性溶蚀和脱水收缩是其最直接的孔隙产出方式，属于储层建设性成岩作用。

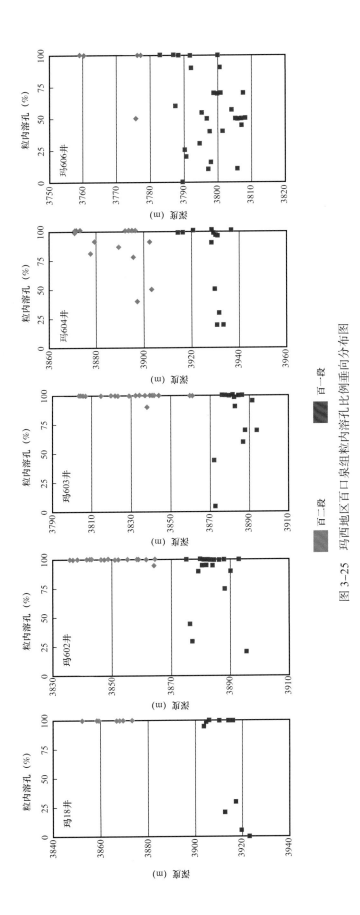

图 3-25 玛西地区百口泉组粒内溶孔比例垂向分布图

百二段   百一段

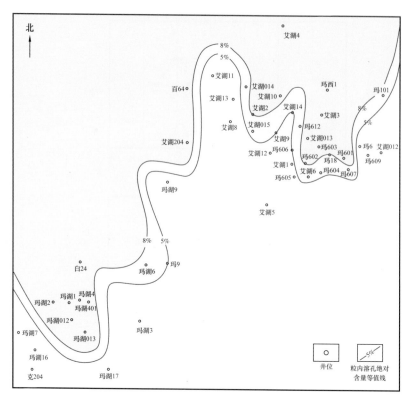

图 3-26　玛西地区百口泉组一段粒内溶孔绝对含量平面分布图

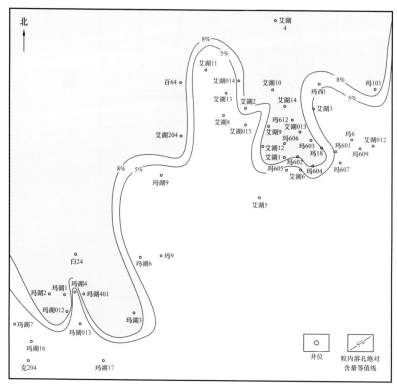

图 3-27　玛西地区百口泉组二段粒内溶孔绝对含量平面分布图

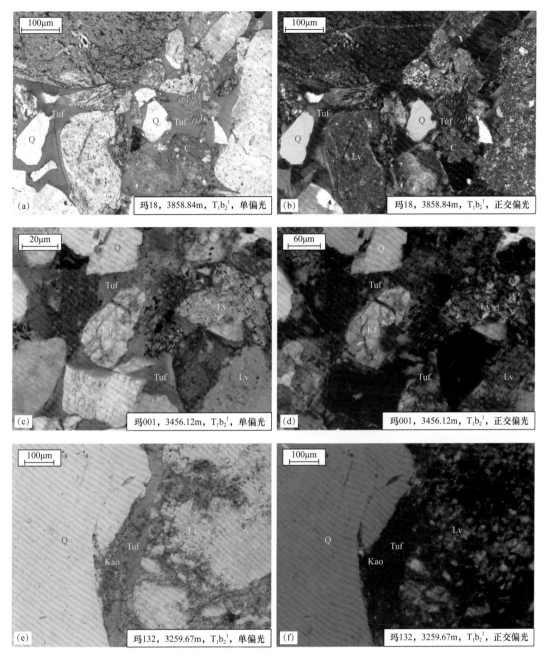

Kf—钾长石；Kao—高岭石胶结物；Tuf—填隙物；Q—石英；C—方解石

图 3-28 玛西地区百口泉组原杂基粒间充填显微图版

① 酸性溶蚀作用：填隙物中参与酸性溶蚀的组分主要为富含铁镁的基性火山物质，强烈溶蚀产生次生孔隙，其溶蚀机理与长石的溶蚀大致相仿，主要在酸性流体介质下，填隙物内不稳定矿物成分发生溶蚀，可见大量团块状高岭石胶结物与填隙物的溶蚀残余物相伴生（渐变接触），且与中基性岩浆岩砾石相对含量呈大致正相关关系（图3-29、图3-30），另有部分成分不纯高岭石胶结物（又被形容为"脏"高岭石）。

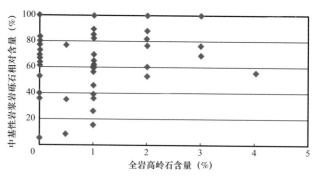

图 3-29　玛西地区百口泉组全岩高岭石含量与中基性岩浆质砾石相对含量关系图

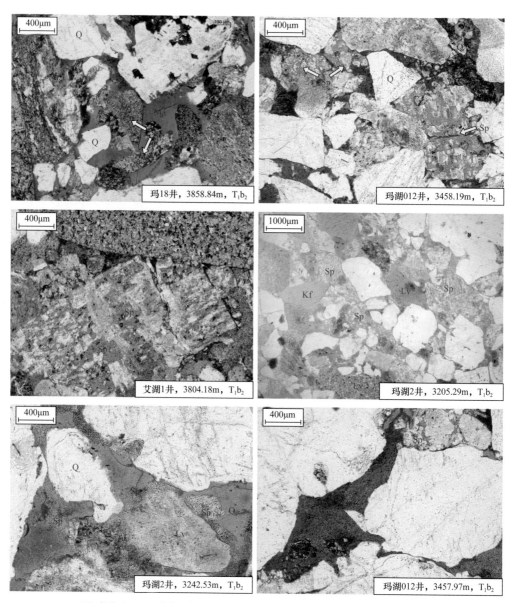

Kf—钾长石；Kao—高岭石胶结物；Tuf—填隙物；Q—石英；Sp—溶蚀孔隙；Ma—原杂基

图 3-30　玛西地区百口泉组原杂基溶蚀改造产出高岭石胶结物效应显微图版

② 脱水收缩作用：随着埋深的持续增加，该类填隙物会发生脱水收缩作用而产出大量收缩孔。与溶蚀孔隙不同，收缩孔主要呈"棱"形，短轴方向主要是填隙物的中部向两侧小幅伸展，而长轴延伸幅度较大（图 3-31）。填隙物内收缩孔发育的不仅成为地层内主要的油气储集空间，而且也作为孔隙流体较为理想的输导通道。

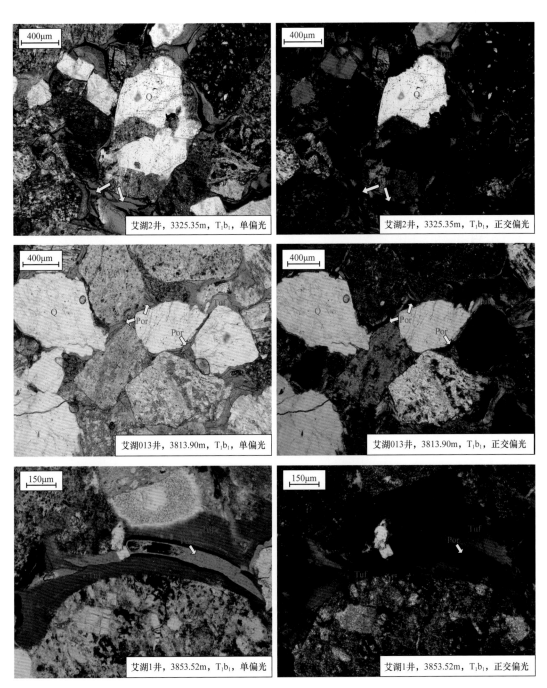

Lv—火山岩岩屑；Kf—钾长石；Tuf—填隙物；Q—石英；Por—收缩孔

图 3-31 玛西地区百口泉组原杂基收缩效应显微图版

（2）原杂基分布特征。

百口泉组百三段（T_1b_3）共 18 口井样品中明显含有原杂基填隙物，其中百 64 井、艾湖 11 井、艾湖 4 井和玛西 1 井分布在玛西斜坡区，其余的分布在玛北斜坡研究层段。整体区块原杂基填隙物含量分布差异较大，原杂基填隙物含量最高值在百 64 井，含量可达 25%，最低值在玛 001 井，含量只有 0.5% 左右。单井纵向上来看，原杂基填隙物含量差别有大有小，如玛 003 井、玛 5 井、玛 134 井和玛 136 井，其原杂基填隙物含量差异不大，不超过 3%；而夏 93 井、玛 004 井和夏 94 井的原杂基填隙物含量差异非常明显，差值可达 10% 以上，综合该层段的单井来看，原杂基含量的最大值多分布在埋深较浅的位置（图 3-32）。原杂基填隙物含量的整体平面分布符合物源的展布方向，原杂基含量随物源展布的大致方向依次减少。从每个单井的原杂基含量与其所在的位置分析可证实这一点，如离物源较近的夏 93 井和夏 94 井比离物源较远的玛 7 井、玛 15 井、玛 152 井样品原杂基含量高；同样的玛 003 井原杂基含量高于处在离物源较远的玛 001 井和玛 005 井样品；百 64 井和艾湖 11 井原杂基含量高于艾湖 4 井和玛西 1 井。就整体来看，该区块的原杂基填隙物含量分布大体上符合 3 个主要的物源展布方向，分别自东北、西北和西部方向湖盆中心物源展布方向原杂基填隙物含量依次减少。

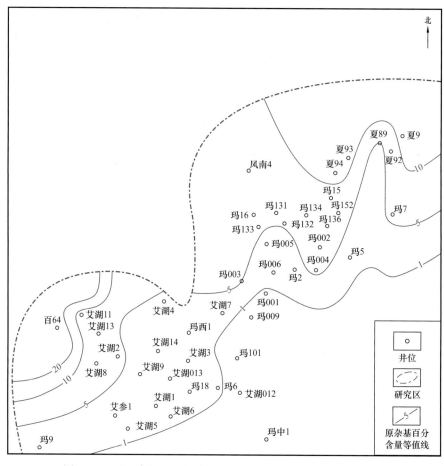

图 3-32　百口泉组百三段（T_1b_3）原杂基填隙物含量平面分布图

百口泉组百二段（T_1b_2）研究区域内共 29 口井样品中明显含有原杂基填隙物，其中 12 口井分布在玛西地区，17 口井分布在玛北地区。该层段的原杂基填隙物含量分布较百三段来说差异略小，原杂基填隙物含量的峰值在玛西 1 井，达到 18%，而最小值在玛 2 井，含量仅 0.5%。单井就纵向而言，原杂基填隙物含量差别有大有小，如夏 94 井、夏 89 井和艾湖 3 井等，其原杂基填隙物含量差异并不大；而玛 18 井、玛 132 井、玛 134 井和玛 003 井的原杂基填隙物含量差异非常明显，差值可达 10% 以上（图 3-33）。

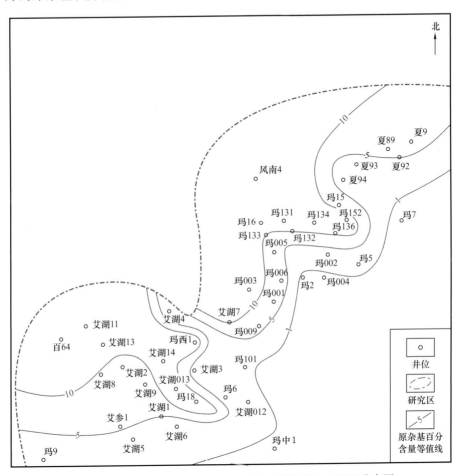

图 3-33　百口泉组百二段（T_1b_2）原杂基填隙物含量平面分布图

百口泉组百一段（T_1b_1）研究区内域共 17 口井样品中明显含有原杂基填隙物，其中 11 口井分布在玛西地区，6 口井分布在玛北地区。该层段的原杂基填隙物含量平面分布差值较大，原杂基填隙物含量最大可达 20%，如玛 101 井、艾湖 9 井和艾湖 14 井。就该层段的单井纵向含量分布而言，原杂基填隙物含量差别有大有小，如艾湖 1、艾湖 2 和玛 18 等，原杂基填隙物含量差异并不大；而玛 9 井、艾湖 14 井和艾湖 9 井的原杂基填隙物含量差异非常明显，差值可达 10% 以上。原杂基填隙物含量在平面上的分布大体符合物源展布方向，含量随物源的展布方向依次减少。如艾湖 13 井、艾湖 14 井和艾湖 9 井等样品原杂基填隙物含量大于艾湖 1 井、玛 6 井，沿物源方向从西部向湖盆中心依次减少；玛 133 井原杂基填隙物含量大于玛 005 井，沿物源方向从西北方向向湖盆中心依次减少；玛

2 井原杂基填隙物含量大于玛 006 井和玛 009 井，沿物源方向从东北方向向湖盆中心依次减少。就该段地层原杂基填隙物含量的平面分布来看，物源方向主要有三个，即西部、西北和东北方向，并且原杂基填隙物含量向湖盆中心依次减少（图 3-34）。

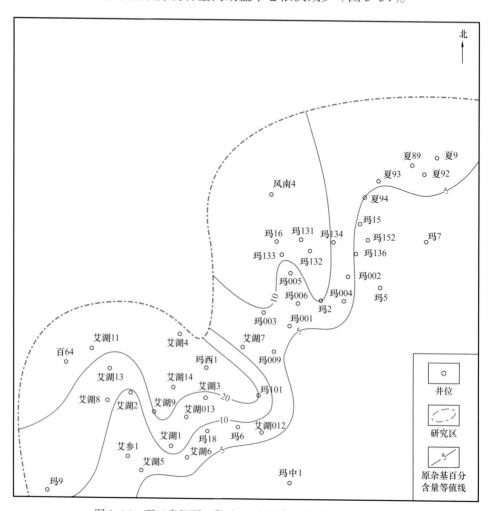

图 3-34　百口泉组百一段（T_1b_1）原杂基填隙物含量分布图

　　就该研究区块总体原杂基填隙物含量纵向分布来看，三个层段的原杂基含量数据齐全的井只有玛 005 井和夏 94 井，为了便于分析纵向的原杂基填隙物含量及不同层段的对比，没有原杂基填隙物含量数据选取相邻或相近井的数据作为参考。西部选取艾湖 11 井作为对比井，百一段（T_1b_1）没有相关数据，用相邻的艾湖 13 井数据代替，西北部选取玛 005 井作为对比井，东北部选取夏 94 井作为对比井。西部艾湖 11 井百一段（T_1b_1）样品的原杂基填隙物含量为 18%，百二段（T_1b_2）样品的原杂基填隙物含量为 12%，百三段（T_1b_3）样品的原杂基填隙物含量为 8%，在垂向上由下到上逐渐降低；夏 94 井百一段（T_1b_1）样品的原杂基填隙物含量为 5%，百二段（T_1b_2）样品的原杂基填隙物含量为 3%，百三段（T_1b_3）样品的原杂基填隙物含量为 12%，在垂向上由下到上先降低再显著增大；玛 005 井百一段（T_1b_1）样品的原杂基填隙物含量为 5%，百二段（T_1b_2）样品的原杂基填隙物含量为3%，百三段（T_1b_3）样品的原杂基填隙物含量为3%，在垂向上由下到上略微降低。该层段整体纵向上原杂基填隙物含量在百一段（T_1b_1）、百二段（T_1b_2）和百三段（T_1b_3）三段地层上有明显差异，最大值可达到百分之十几，而最小值只有百分之几，差值可达10%以上。玛北地区样品的原杂基填隙物含量随深度的增加有下降趋势，而玛西地区样品的原杂基填隙物含量随着深度的增加有上升趋势。

综合三叠系百口泉组三个层段原杂基填隙物含量平面分布特征可以看出：① 百三段（T_1b_3）原杂基填隙物含量自东北、西北、西部向中心明显逐渐减小，原杂基填隙物含量与该层段的物源展布趋势基本一致，并且受沉积环境的控制，如百64井、玛003井和夏93井分别为该段地层西部、西北和东北平面方向上原杂基填隙物含量最高值，同时也是离物源最近的三个井位。由此可见，原杂基填隙物含量分布受到沉积环境及物源展布趋势的影响，离物源越近，原杂基填隙物含量越高，离物源越远，原杂基填隙物含量越低。② 百口泉组百二段（T_1b_2）原杂基填隙物含量自西北、西部向中心明显逐渐减小，自东北向中心明显逐渐增加，原杂基含量与该层段物源展布走势基本一致，并受沉积环境的控制，如艾湖12井和玛133井分别为该段地层西部和西北平面方向上原杂基填隙物含量最大值，同时也是离物源最近的两个井位。由此可见，原杂基填隙物含量分布受到沉积环境及物源展布趋势的影响，西部和西北部，离物源方向越近，原杂基填隙物含量越高，离物源方向越远，原杂基填隙物含量越低。③ 百口泉组百一段（T_1b_1）原杂基填隙物含量自东北、西北、西部向中心明显逐渐减小，原杂基填隙物含量与该层段的物源展布趋势基本一致，并且受沉积环境的控制，如艾湖13井和玛133井分别为该段地层西部和西北平面方向上原杂基填隙物含量最高值，同时也是离物源最近的两个井位，东北部只有夏94井有具体数据，无对比依据。由此可见，原杂基填隙物含量分布受到沉积环境及物源展布趋势的影响，西部和西北部，离物源方向越近，原杂基填隙物含量越高，离物源方向越远，原杂基填隙物含量越低。

从岩石类型看，原杂基填隙物含量与样品粒度之间的对比表明岩石粒级大小制约着原杂基填隙物在微观层面上的富集类型，原杂基主要富集于砂质砾岩和砾质不等粒砂岩样品中，而粗砂岩、中砂岩及细砂岩样品中含量较低（图3-35）。这种分布规律也表明，原杂基填隙物受控于水动力条件的限制，其高值主要分布于近物源区的粗粒沉积物内，相对远离物源区的细粒沉积物则含量较低，与上述宏观分布规律相一致。

（3）原杂基收缩孔垂向分布规律。

根据全部获取到样品数据，进行了单井分布统计。由于样品所限，单井层间储集空间类型差异仅就百一段与百二段之间进行对比。

以玛18井区为例，单井层间对比表明，垂向上，收缩孔相对含量数据分布较为离散，但整体上收缩孔主要分布于百一段，占储层有效孔隙的比例为60%~100%，是百一段内重要的储集空间类型之一（图3-36）。

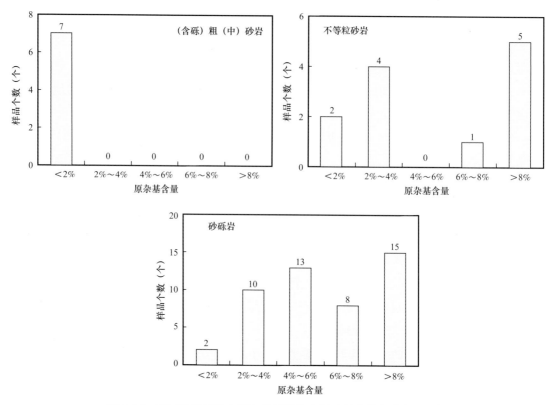

图 3-35　不同粒度储层内原杂基填隙物含量（最大值）分布柱状图

（4）原杂基收缩孔平面分布规律。

由于收缩孔主要分布在百一段，因此主要针对百一段的平面分布进行讨论。整体上，主要呈现出由北向南逐渐降低的趋势，且主要在玛 18 井区发育，艾湖 2 井区的部分单井略有发育，玛湖 1 井区则未见发育。其高值主要分布在玛 606 井、艾湖 1、艾湖 11 井和艾湖 13 井。其绝对面孔率含量为 4%～6%（图 3-37）。

二、玛北地区三叠系百口泉组

1. 储层孔隙类型

与玛西百口泉组砂砾岩储层类似，玛北地区百口泉组砂砾岩储层储集空间类型多样，主要包括原生粒间孔、粒内溶孔、填隙物溶孔和微裂缝（图 3-38）。

从溶蚀孔隙的溶质来看，相当多的长石被溶蚀。铸体薄片中长石的溶蚀特征如下：富含长石的岩屑被大规模溶蚀，长石颗粒发生粒内溶蚀，单一长石颗粒内部可见众多的小溶孔。部分长石颗粒边缘被溶蚀，导致长石与周围颗粒呈不接触状态，致使粒间孔扩大；也有的长石颗粒沿节理溶蚀形成粒内溶孔，颗粒未溶部位与粒内溶孔相间呈栅状。

原生粒间孔是未被陆源杂基和自生胶结物充填的粒间残余孔隙，多分布在杂基含量低、岩屑颗粒含量少、分选磨圆较好的粗砂岩、细砾岩中，并常与粒间溶孔、成岩收缩缝形成孔隙组合。

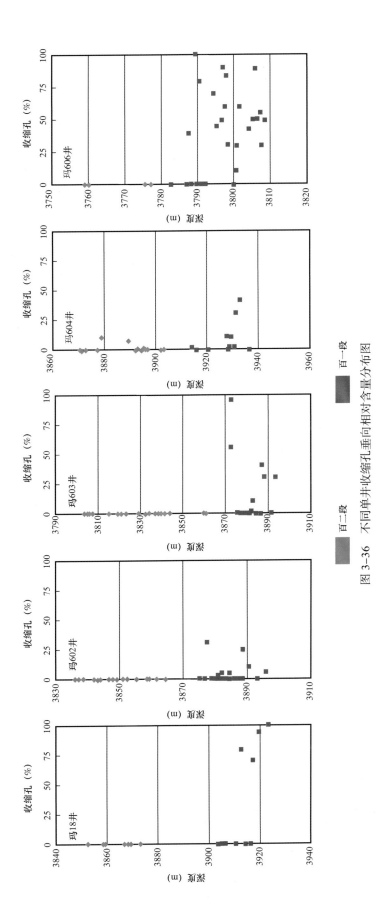

图 3-36 不同单井收缩孔垂向相对含量分布图

百一段

百二段

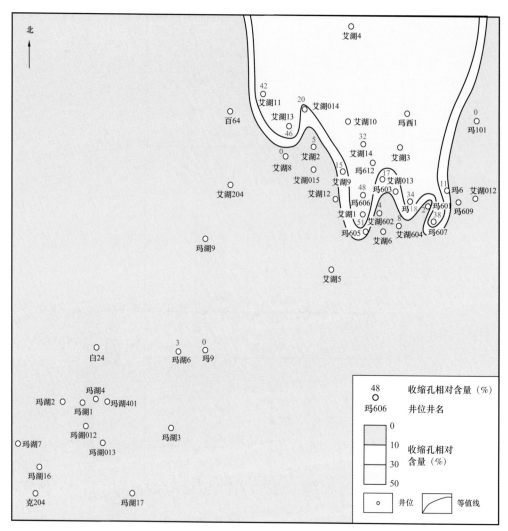

图 3-37 玛西地区百口泉组一段收缩孔相对含量平面分布图

填隙物溶孔形态为月牙形或弧形，类似于泥质干裂纹。常常与其他类型的孔隙沟通而成为有效的储集空间。玛北地区百口泉组该类孔隙比较少见。

从成因来看，裂缝主要包括构造缝和成岩收缩缝，是由于构造应力和成岩过程中岩石收缩而发育的缝隙。构造缝能将相对较孤立分布的孔隙连通起来，提高砂砾岩的渗透性。成岩收缩缝围绕颗粒形成微裂隙网络，裂隙宽度较大，能将其他类型孔隙连接起来形成组合孔隙，对渗透率有重要的促进作用。

2.孔隙分布

不同的成因类型岩石储集空间差异明显，表现为牵引流成因的砂砾岩、含砾砂岩及砂岩孔隙类型以原生粒间孔为主，粒内溶孔及微裂缝次之；而重力流成因的砂砾岩孔隙类型则以粒内溶孔为主，微裂缝次之，微裂缝较其他成因的储层也相对发育（图 3-39）。

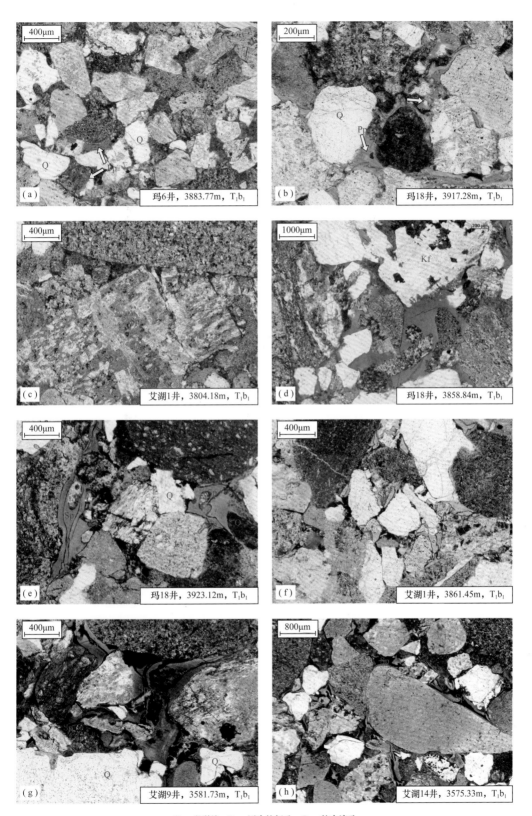

Cr—微裂缝；Pp—原生粒间孔；Sp—粒内溶孔

图 3-38 玛北地区百口泉组不同储集空间类型显微图版

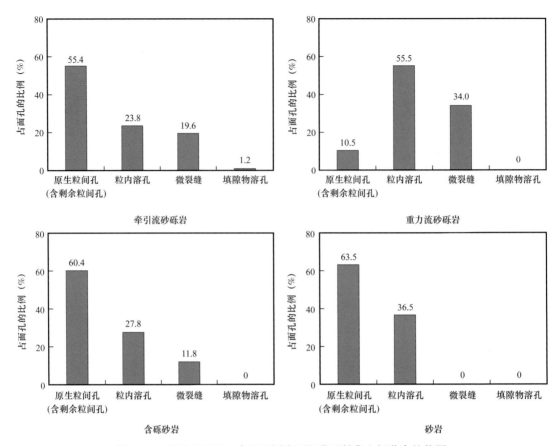

图 3-39　玛北地区百口泉组不同岩石相类型储集空间分布柱状图

三、玛北地区二叠系下乌尔禾组

1. 储层孔隙类型

1）原生孔隙

玛北下乌尔禾组储层主要发育原生粒间孔和剩余粒间孔。

（1）原生粒间孔：基本上反映了沉积时期粒间孔隙的大小和形状，这种孔隙的大小和分布主要受岩性及沉积相控制（图 3-40a）；

（2）剩余粒间孔：原生粒间孔隙在经受机械压实或胶结充填作用之后剩余的粒间孔隙空间，研究区常见粒间孔隙被硅质、沸石、高岭石、绿泥石等胶结物及杂基充填，使粒间孔隙明显变小（图 3-40b）。

2）次生孔隙

玛北下乌尔禾组储层次生孔隙主要包括晶间孔隙和溶解孔隙。

（1）晶间孔隙：原生粒间孔隙被胶结物充填，胶结矿物晶体之间存在的孔隙。本区晶间孔隙主要类型包括高岭石晶间孔（图 3-40c）、钠长石晶间孔（图 3-40d）、硅质晶间孔、浊沸石晶间孔（图 3-40e）。

(a) 盐探1井，原生粒间孔，单偏光，4824.54m

(b) 盐北4井，剩余晶间孔，单偏光，3867.48m

(c) 盐北4井，高岭石，晶间孔含油，单偏光，3867.48m

(d) 盐探1井，钠长石，正交偏光，5007m

(e) 玛218井，剩余粒间孔，单偏光，3944.26m

(f) 玛218井，安山质火山岩岩屑溶孔，单偏光，3911.8m

(g) 盐001井，浊沸石溶孔，单偏光，4984.4m

(h) 玛211井，水云母溶蚀孔，单偏光，3771.3m

(i) 玛607井，构造缝、破裂缝和收缩缝，单偏光，4008.84m

图 3-40 玛北地区二叠系下乌尔禾组储层孔隙类型图版

（2）溶解孔隙：碎屑岩成岩作用时期受到溶解作用形成次生溶解孔隙，是次生孔隙的主要类型，在研究区内普遍发育。分为粒内溶孔、填隙物溶孔。

① 粒内溶孔：指碎屑颗粒内部所含可溶矿物被溶解，或沿颗粒解理等易溶部位发生溶解形成的孔隙。颗粒内仅部分矿物或局部发生溶解，形成斑点状、蜂窝状、条纹状粒内溶孔，多见于火山岩岩屑中（图 3-40f）。

② 填隙物内溶孔：胶结物和杂基内部被溶蚀产生的孔隙。如浊沸石溶孔、泥质溶孔等（图 3-40g）。

3）微裂缝

（1）构造裂缝：由于构造作用形成的裂缝，常切穿碎屑颗粒及填隙物延伸（图 3-40i）。

（2）成岩裂缝：成岩过程中因压实、压溶、收缩等作用形成的缝状孔隙空间。

（3）界面缝：岩石中颗粒因不均一收缩，沿颗粒表面产生的孔缝，对沟通孔隙起一定作用。

2.孔隙分布

由于重力流砂砾岩泥质杂基含量高，填充了大部分储层粒间孔隙，因此原生粒间孔所占比例较低；而牵引流砂砾岩的泥质含量杂基含量不等，大致可分为高杂基含量和低杂基含量两类，其中高杂基含量牵引流砂砾岩，原生粒间孔隙基本被杂基充填，储集物性较差；低杂基含量牵引流砂砾岩，粒间孔隙被较好保留，储集物性好。

通过不同岩石相类型样品的储集空间分析（图3-41），重力流砂砾岩储层储集空间以微裂缝为主，不稳定组分的粒内溶孔与原生粒间孔次之，而牵引力砂砾岩储层储集空间以原生粒间孔为主，粒内溶孔与微裂缝次之。

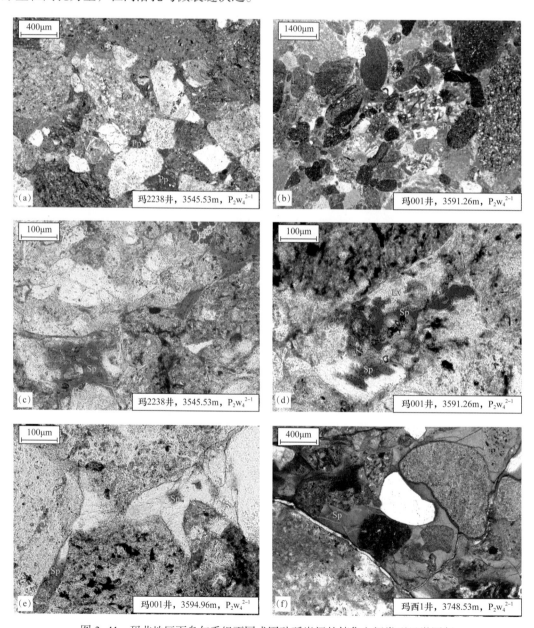

图3-41　玛北地区下乌尔禾组不同成因砂砾岩间的储集空间类型显微图版

平面上，原生粒间孔主要分布在以水下分流河道为代表的牵引流砂砾岩储层内，而次生孔隙（包括粒内溶孔、粒间溶孔和微裂缝）主要分布在以碎屑流为代表的重力流砂砾岩储层内（图3-42），储集空间的差异性明显受控于沉积成因的差异性。

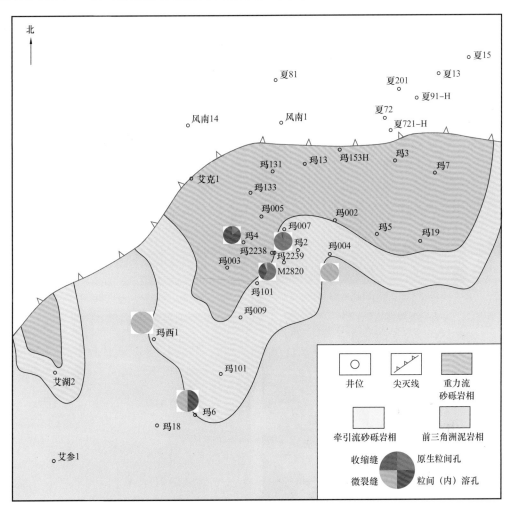

图 3-42　玛北地区下乌尔禾组储层储集空间类型平面分布图

第三节　储层孔隙成因及保存

一、原生孔隙的成因与保存

1. 原生孔隙的形成

原生孔隙为颗粒间未被泥质杂基或胶结物充填的剩余粒间孔，其形成与沉积物泥质含量息息相关，即受沉积微相控制。原生孔隙主要发育于水下河道沉积砂岩和颗粒流沉积砂质细砾岩。

玛西地区百口泉组颗粒流沉积主要为灰绿色、灰色砂质细砾岩、含砂细砾岩（少量），颗粒分选中等至好，发育颗粒支撑结构。粒度分析曲线表现典型的"双峰"特征，为细砾质和砂质两个明显的对应区间。砾石含量大于50%，次圆状为主，粒径为2～6mm的细砾。砾石间填隙物含量一般为40%～45%，主要为砂质，泥质含量一般小于8%（图3-43）。颗粒间极低的泥质含量是砂质细砾岩原生孔得以形成的首要条件；其次，原生孔在压实作用过程中会大量损失，其保存与岩石结构息息相关。

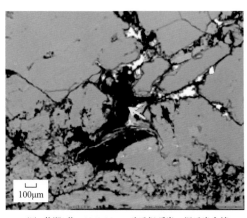

(a) 玛18井，3923.12m，颗粒流沉积砂质细砾岩　　(b) 艾湖1井，3849.80m，砂质细砾岩，泥质半充填

(c) 玛18井，3920.28m，砂质细砾岩，粒间原生孔发育　　(d) 玛18井，3917.28m，颗粒流砂质细砾岩，粒间原生孔发育

图3-43　颗粒流沉积砂质细砾岩镜下特征

砂质细砾岩中细砾构成了岩石的整体骨架，细砾与细砾常为线接触，在一定程度上缓冲了压实过程中砂质颗粒所承受应力，而次圆状砂质颗粒为点接触至轻微线接触，相对于纯砂岩，减少了部分因压实作用造成的原生孔隙损失。砂质主要为石英，其次为岩屑和长石，颗粒整体呈刚性，有利于沉积后压实作用过程中颗粒间孔隙的保存。

水下河道沉积砂岩或含细砾砂岩颗粒分选中等至好，次圆状为主，颗粒间泥质杂基含量3%～25%，一般小于15%。砂岩类型是亚岩屑砂岩或杂砂岩，包括中—细砂岩（占48%）、含砾粗砂岩（占22%）、含砾不等粒砂岩（占28%）等，泥质胶结为主，少量方解石胶结。粒度分析曲线为"单峰"特征，即砂质峰。水下河道沉积砂岩的原生孔占总孔隙度30%～45%，小于颗粒流沉积砂质细砾岩对应值（>50%）。其原因一方面是水下河道砂岩泥质含量稍高于颗粒流沉积砂质细砾岩；另一方面砂岩或含细砾砂岩缺少细砾构成的岩石骨架而直接承受上覆静岩压力，造成颗粒以点接触为主，压实过程中原生孔隙损失率更高（图3-44）。

(a) 玛18井，T₁b₁，3917.28m
水下河道沉积含砾中粗砂岩，粒间原生孔发育

(b) 玛18井，T₁b₁，3905.99m
水下河道沉积含砾中粗砂岩，粒间原生孔少量残留

图3-44　水下河道沉积含细砾砂岩镜下特征

泥石流沉积岩性基本一致，主要为含泥含砂中砾岩、含泥中砾岩，颗粒大小混杂，分选差至中等（图3-45a、d）；砾石次棱角状至次圆状，主要由砾径10～30mm的中砾组成，成分为凝灰岩砾、花岗岩砾和板岩砾；基质为砂、泥混杂，砂质不等粒，颗粒次棱角至次圆状，镜下鉴定泥质含量一般＞10%（图3-45），与X射线衍射分析得到的黏土总量（10%～33%）一致，局部层段方解石胶结。因较高的泥质含量，泥石流沉积含泥含砂中砾岩颗粒间原生孔几乎被泥质杂基全充填。

浊流沉积泥质粉砂岩或含泥中细砂岩，杂基含量一般大于15%，泥质胶结为主，含有更多的泥，因而浊流沉积物原生孔隙发育情况要比水下河道沉积砂岩还要差。

由以上叙述可知，颗粒流沉积砂质细砾岩原生孔最为发育，水下河道沉积砂岩或含细砾砂岩次之，浊流沉积含泥中细砂岩或泥质粉砂岩仅少量发育。沉积微相控制了对应沉积物泥质含量和岩石结构，进而控制了原生孔隙的形成。

2. 原生孔隙的保存

东部渤海湾盆地、西部吐哈盆地等众多盆地勘探实践表明，与欠压实作用有关的异常高压有利于原生孔隙的保存。大量钻井实测资料表明，玛西地区百口泉组存在明显的异常高压。以玛18井为例，井段3200～3898m三叠系百碱滩组（T₃b）、克拉玛依组（T₂k）、百口泉组三段（T₁b₃）及百口泉组二段（T₁b₂）为异常高压过渡带，压力系数为1.40。井段3898～3941m百口泉组一段（T₁b₁）为异常高压，压力系数为1.60。井段3941～4190m下乌尔禾组（P₂w）为压力过渡带，压力系数1.35左右。玛18井声波时差AC值纵向变化显示出3200～4190m井段孔隙度大于正常压实作用孔隙度值，间接指示了异常高压的存在（图3-46）。该部分高于背景值的孔隙度值一部分与次生孔隙有关，而很重要一部分也是由于欠压实作用造成的原生孔隙损失率降低。

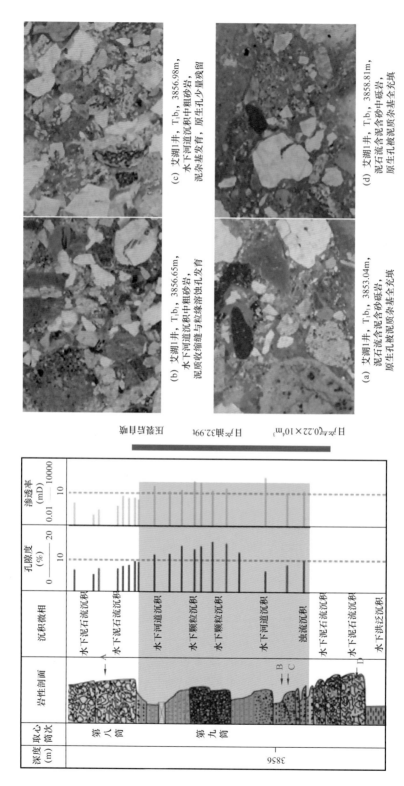

图 3-45 水下河道沉积砂岩与泥石流沉积含泥含砂中砾岩镜下特征

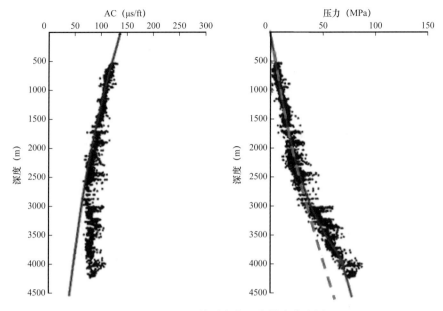

图 3-46　玛 18 井异常高压段纵向分布图

由平面分布等值线图可以看出，玛西地区百口泉组在玛 18 井、艾湖 1 井、玛湖 1 井和玛湖 3 井存在 4 处显著异常高压区块，特别是玛 18 井附近，异常压力值高达 1.60 以上（图 3-47）。压力系数由东南向西北边缘变小，但断裂带附近压力系数变化规律复杂，异常高压分布与断裂带可能相关。

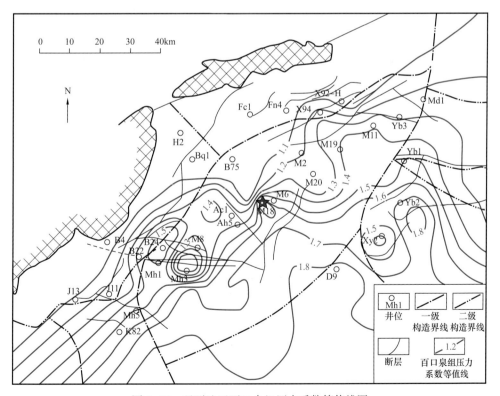

图 3-47　玛西地区百口泉组压力系数等值线图

二、次生孔隙的形成

1. 次生孔隙赋存的矿物

次生孔隙是砂砾岩储层孔隙最为重要的组成部分，在一些埋藏相对深地层中，砂砾岩的储集空间显著依赖于次生孔隙。已有的研究表明，这些次生孔隙主要由骨架颗粒溶解形成，长石等铝硅酸盐是最为常见的易溶骨架颗粒，很多砂岩中次生孔隙都是长石等铝硅酸盐溶解的结果。然而，长石溶解是一个十分复杂的过程，涉及不同化学反应间的相互作用，与长石溶解过程与自生矿物的沉淀、系统的开放性和封闭性、元素的带进带出以及流体性质等多种因素相关。这些因素不仅控制了不同类型的长石的溶解方式，也显著控制了不同成岩阶段长石的溶解习性。研究区百口泉组次生孔隙的形成机制及控制因素并没有得到合理的解释，这直接影响了这些砂砾岩储层质量预测模式的建立。

为进一步查明次生溶孔成因，采用多种手段对其显微结构特征进行了观测，首先在偏光显微镜下进行细致的薄片鉴定，初步确定主要（共生）矿物种类，然后利用扫描电镜（SEM）技术和电子探针（EPMA）背散射电子图像（BSE）来观察矿物的形貌和微观结构。SEM测试仪器为LEO21530，实验条件：加速电压20kV、束斑直径60μm、显微镜以发射（SE）模式运行、斜线400V、捕获时间20s。EPMA测试仪器为JXA28800（JEOL），实验条件：电流1×10^{-8}A、加速电压15kV。

玛西地区百口泉组砂砾岩层系从较细的浊流沉积泥质粉砂岩到较粗的泥石流沉积含泥含砂砾岩均见长石溶解现象，并产生岩屑颗粒内或颗粒边缘仍保留长石晶格特征的次生溶孔（图3-48）。不同岩石类型因原始物性的差异，以及与成岩流体连通程度不同，导致不同岩石类型长石次生溶孔孔径大小略有不同。颗粒流沉积砂质细砾岩与水下河道砂岩长石溶蚀孔孔径略大，集中于30～80μm；泥石流沉积含泥含砂砾岩次生溶孔孔径较小，集中于20～50μm，连通差。一般情况下，颗粒边缘次生溶孔常与原生孔隙伴生，连通性较好，而颗粒内次生溶孔多孤立分布，连通差。同时，长石次生溶孔可被后期方解石充填（图3-48）。

在扫描电镜下，常见长石沿解理缝方向逐渐溶解而形成保留有长石晶格特征的长条状溶孔，溶孔定向排列分布；同时可见岩屑颗粒中长石部分或全部溶解而产生港湾状溶孔（图3-49）。

结合电子探针背散射图像和主量元素测试数据知，玛西地区百口泉组砂砾岩储层中长石溶孔常被无铁方解石充填。该方解石Mn含量小于1.0%，在此称之为低Mn方解石区别于颗粒间充填胶结的高Mn含量粗晶方解石（Mn含量一般在6.0%以上）。经大量背散射和电镜观测，长石次生孔内充填的低Mn方解石仅在发育大量次生溶孔的颗粒中部还有残留，而应首先被低Mn方解石充填的颗粒边缘溶孔却没有分布。该现象说明，颗粒边缘位置长石次生溶孔内充填的早期低Mn方解石常再次被溶蚀，而充填颗粒中部溶孔低Mn方解石因无法与酸性成岩流体连通而被保存下来。当然，充填次生溶孔的早期低Mn方解石极大地破坏了次生孔隙（图3-50）。

(a) 玛18井，3823.56m，河床滞留沉积
含砂细砾岩，长石次生溶孔

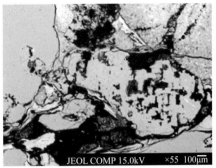
(b) 艾湖1井，3855.43m，砂质细砾岩，
长石次生溶孔

(c) 艾湖2井，3325.35m，水下河道
含砾不等粒砂岩长石次生溶孔

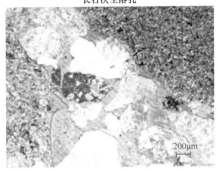
(d) 玛湖2井，3206.12m，泥石流含泥含砂中砾岩，
长石填隙物溶蚀明显，后被方解石部分充填

图 3-48　玛西地区百口泉组砂砾岩层系长石次生溶孔镜下特征

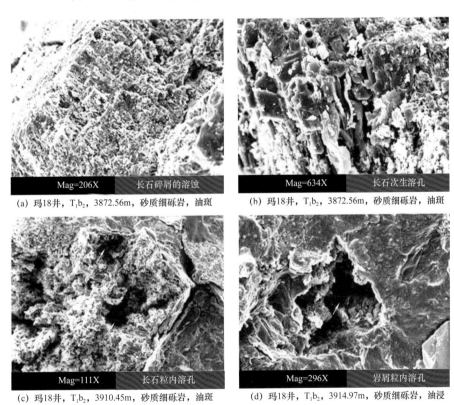

(a) 玛18井，T_1b_2，3872.56m，砂质细砾岩，油斑

(b) 玛18井，T_1b_2，3872.56m，砂质细砾岩，油斑

(c) 玛18井，T_1b_2，3910.45m，砂质细砾岩，油斑

(d) 玛18井，T_1b_2，3914.97m，砂质细砾岩，油浸

图 3-49　玛西地区百口泉组砂砾岩层系长石次生溶孔扫描电镜下特征

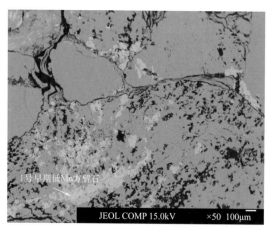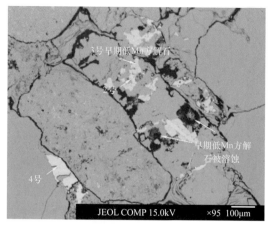

玛西地区百口泉组砂砾岩层系长石主量元素测试表

点号	CaO	Na₂O	K₂O	FeO	MgO	BaO	MnO	Al₂O₃	P₂O₅	La₂O₃	SiO₂	SrO	总计	矿物名称
1	54.805	0.045	—	0.026	0.049	0.062	0.873	0.023	0.004	0.084	—	—	55.971	低 Mn 方解石
2	55.650	0.048	0.012	0.030	0.050	0.030	0.883	0.018	0.012		—	—	56.733	低 Mn 方解石
3	55.232	0.028	0.159	0.030	0.077	—	0.978	0.097	0.006		0.470	—	57.077	低 Mn 方解石
4	52.295	0.011	0.007	0.110	0.219	0.087	6.853	0.010	—	0.071		—	59.663	高 Mn 方解石

图 3-50　玛西地区百口泉组砂砾岩层系长石次生溶孔扫描电镜下特征

2. 长石的选择性溶解

钾长石、钠长石和钙长石在成岩过程中均可以自发地向高岭石、伊利石转化。在长石的这些类型中，钙长石溶解反应的吉布斯自由能增量（ΔG）最低并明显具有正的温度效应，说明钙长石最不稳定且在低温条件下更易溶解。钾长石溶解反应的吉布斯自由能增量最高，并具有较大的负的温度效应，说明钾长石稳定性较高且在埋藏成岩条件下更易溶解。钠长石溶解反应的吉布斯自由能增量中等，受温度影响不大，但温度升高时其稳定性仍有所下降（表 3-2）。

依据电子探针背散射图像和主量元素分析知，百口泉组砂砾岩层系中已经没有钙长石等偏基性斜长石的分布。同生期到埋藏成岩作用早期以后，偏基性的斜长石（如钙长石）已难以保存（实际上，偏基性的斜长石在风化阶段就已大量溶解）。因而，百口泉组砂砾岩储层中的次生孔隙，尤其是埋藏成岩过程中形成的次生孔隙与钾长石、钠长石的关系最为密切。百口泉组中保留的主要是钾长石和钠长石，二者常呈嵌晶结构。因钾含量高，钾长石在背散射图像中明显较钠长石亮。在视域中，钾长石含量远低于钠长石含量钾长石常沿钠长石解理缝呈星点状分布，或呈云团状分布于钠长石颗粒中（图 3-51），而在 SEM

图像下可明显看出二者为嵌晶结构。次生溶孔也常沿钠长石解理缝呈星点状分布，而难以有效判断出二者究竟是哪种矿物溶解形成的次生孔隙。

表 3-2　不同长石溶解的相关反应在主要温压点的 ΔG 值及其变化

温度 （℃）	压力 （MPa）	钾长石—高岭石 （kJ·mol⁻¹）	钠长石—高岭石 （kJ·mol⁻¹）	钙长石—高岭石 （kJ·mol⁻¹）
25	0.1	−43.389	−77.843	−112.060
60	10	−46.393	−78.442	−108.052
90	20	−49.247	−79.404	−104.811
120	30	−52.252	−80.673	−101.519
150	40	−55.285	−82.072	−97.825
ΔG 变化值（kJ·mol⁻¹）		−11.896	−4.229	14.235
ΔG 变化率（kJ·mol⁻¹·℃）		−0.095	−0.034	−0.114

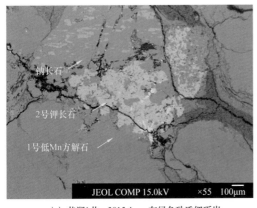

(a) 艾湖1井，3815.4m，灰绿色砂质细砾岩　　　　　(b) 艾湖1井，3800.6m，粗砂岩

点号	CaO	Na₂O	K₂O	FeO	MgO	BaO	MnO	Al₂O₃	P₂O₅	La₂O₃	SiO₂	SrO	总计	矿物名称
1	55.663	0.022	0.097	0.059	0.053	1.927	0.162	0.107	0.004	0.014	0.035	58.143	55.663	低Mn方解石
2	0.012	0.367	15.611	0.062	0.004	0.063	—	19.759	—	—	64.266	—	100.144	钾长石

图 3-51　玛北地区百口泉组二段砂砾岩背散射图像

　　为了有效辨别出钾长石、钠长石中何者更有利于形成次生孔隙。依据 X 射线衍射分析，对玛 18 井百一段至百三段 56 块不同岩石类型样品进行了全岩组分分析。

　　为了消除个别砾石对实验结果的干扰，将砂质细砾岩、含泥含砂中砾岩等岩石中砾石挑除后对其中的填隙物进行碎样分析，而砂岩样品可直接碎样。实验结果如图 3-52 所示。对比玛 18 井石英、钾长石和钠长石纵向分布可见，百一段顶部洪泛沉积泥岩之下 3902.0～3903.9m 钾长石含量较高，两块水下河道砂岩样品分别为 7.9% 和 8.7%。而该井段之下砂砾岩钾长石含量明显减少，3903.90～3926.25m 的 22 个样品均值为 1.4%，最大值为 4.3%；其中 9 个样品检测结果为 0，三个高值样品（3.1%～4.3%）均为孔渗特别差的水下泥石流沉积。百二段砂砾岩钾长石含量 3.7%～12.3%，均值为 6.6%，水下

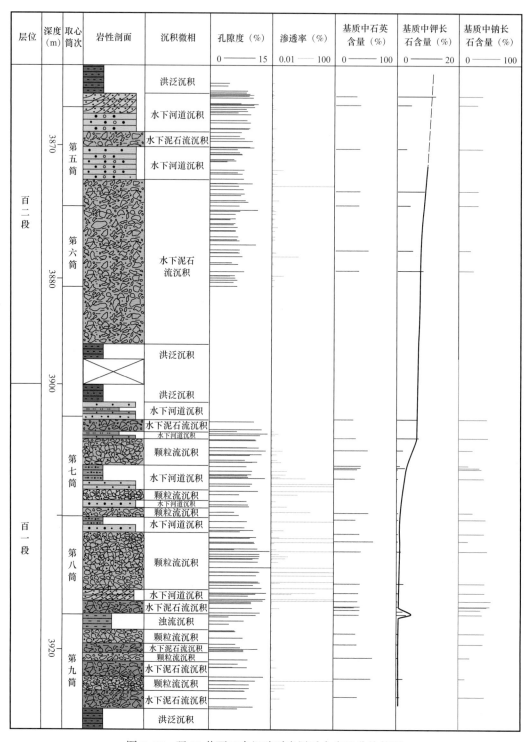

图 3-52　玛 18 井百口泉组砂砾岩层系全岩组分柱状图

泥石流沉积含泥含砂中砾岩和水下河道沉积砂岩中钾长石含量并没有明显的区别。对比纵向上石英含量可见，百一段石英含量38.0%～53.1%，均值为39.0%；百二段石英含量30.5%～63.0%，均值为42.9%，两个亚段含量并没有显著变化。百一段斜长石含量19.0%～36.1%，均值为33.4%；百二段长石含量15.0%～52.7%，均值为35.6%，两个亚段含量没有显著变化（图3-52）。

电子探针背散射观测结果与X射线衍射分析结果基本一致。玛18井百一段颗粒流沉积砂质细砾岩在视域内能看到大量的钠长石分布，极少观察到钾长石（图3-53），仅在3块水下泥石流沉积含泥含砂砾岩中观察到少量与钠长石同时存在的钾长石。百二段和百三段探针片样品基本为水下泥石流沉积含泥含砂中砾岩和水下河道沉积砂岩，在41张薄片中基本都能找到与钠长石共存的钾长石（图3-54）。百一段与上覆百二段、百三段钾长石含量差异显著的现象，在艾湖1井等多口井均有发现。

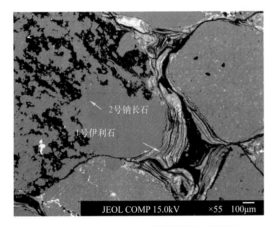 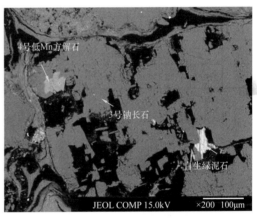

(a) 玛18井，3909.56m，颗粒流沉积砂质细砾岩　　(b) 玛31井，3800.60m，灰绿色砂质细砾岩

点号	TiO$_2$	Na$_2$O	K$_2$O	FeO	MgO	CaO	MnO	Al$_2$O$_3$	SiO$_2$	总计	矿物名称
1	0.391	0.179	7.294	2.879	1.845	0.548	0.109	29.574	50.441	93.260	伊利石
2	—	12.385	0.291	0.124	—	0.827	—	19.86	66.934	100.421	钠长石

点号	CaO	Na$_2$O	K$_2$O	FeO	MgO	BaO	MnO	Al$_2$O$_3$	P$_2$O$_5$	La$_2$O$_3$	SiO$_2$	SrO	总计	矿物名称
3	22.205	0.009	0.015	10.319	0.027	0.014	0.123	26.567	0.026	—	37.503	0.417	97.225	钠长石
4	58.606	0.022	0.005	0.105	0.016	0.002	1.480	0.005	0.042	—	—	—	60.283	低Mn方解石

图3-53　百口泉组砂砾岩层系百一段长石类型背散射图像

钾长石含量突然降低，在高渗透层段已接近0，意味着百一段高渗透层段钾长石已全部溶解。以玛18井为例，百一段和百二段取心段间隔21.4m，测井资料显示，取心间隔段发育了9.8m的泥岩段，因而可以认为百一段和百二段为两个相互独立的成岩体系。百一段大量存在的伊/蒙混层极大地促进了钾长石的溶解。碎屑岩成岩过程中长石、高岭石、伊利石之间的物质交换对次生孔隙形成具有显著的控制作用，砂岩埋藏前组成中长石的类型及相对含量、地层初始物质中含膨胀层的黏土矿物（如同期火山物质）的数量、系统的开放性与封闭性、流体中额外钾离子的存在与否直接控制了长石的溶解方式和次生孔

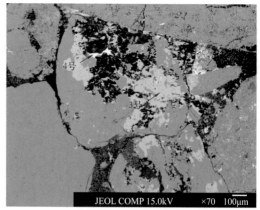

点号	CaO	Na₂O	K₂O	FeO	MgO	BaO	MnO	Al₂O₃	P₂O₅	La₂O₃	SiO₂	SrO	总计	矿物名称
1	—	0.271	16.489	0.697	0.063	0.187	—	19.244		0.057	62.498		99.506	钾长石
2	50.440	0.014	0.004	0.132	0.051	0.040	8.716	0.004		0.012	59.437	0.024		高Mn方解石
3	—	0.736	16.184	0.199	0.025	0.053	—	19.339	0.004	—	62.830		99.370	钾长石
4	53.362	0.118	0.113	0.036	0.126	0.056	0.742	0.189	0.022		0.834		55.598	低Mn方解石

图 3-54 百口泉组砂砾岩层系百二段长石类型背散射图像

隙的形成机制。当地层中存在足够量的初始蒙皂石或伊/蒙混层时，下面两个彼此依赖的伴生反应会在存在钾长石的砂岩地层中发生：

$$2KAlSi_3O_8（钾长石）+2H^+ +H_2O = Al_2Si_2O_5（OH）_4（高岭石）+4SiO_2（硅质）+2K^+ \quad （3-1）$$

$$蒙皂石 +4.5K^+ +8Al^{3+} \longrightarrow 伊利石 +Na^+ +2Ca^{2+} +2.5Fe^{3+} +2Mg^{2+} +3Si^{4+} \quad （3-2）$$

反应（3-1）是一个低耗能的自发反应，这已由 Berger 等的研究证实，只要地层中有蒙皂石存在，该反应就会在碎屑岩地层中普遍发生。Berger 等的成岩模拟结果还表明，有机物成熟可以增加蒙皂石向伊利石的转化速率，这将有利于增加钾长石的溶解速率，并释放更多的钾离子。

蒙皂石或伊/蒙混层向伊利石转化是一个重要的耗钾反应，因而成为克服埋藏成岩过程中钾长石溶解动力学屏障的重要机制，只要存在蒙皂石向伊利石的转化，地层中的钾长石就会在埋藏成岩过程中持续溶解，直到全部溶解完为止，甚至出现钾长石比斜长石更容易溶解的情况。钠长石（包括其他偏酸性的斜长石）的溶解反应：

$$2NaAlSi_3O_8（钠长石）+2H^+ +H_2O = Al_2Si_2O_5（OH）_4（高岭石）+4SiO_2（硅质）+2Na^+ \quad （3-3）$$

受到蒙皂石伊利石化反应的缓冲，钠长石和其他偏酸性斜长石的溶解将变得十分困难，在这种情况下，地层中残余的长石类型将以钠长石（包括酸性斜长石）为主，甚至出现斜长石的钠长石化现象。玛西地区百口泉组发育钠长石的次生加大现象，印证了伊/蒙混层向伊利石转化对钾长石溶解的促进和对钠长石等酸性斜长石的抑制作用。

相应的成岩过程可用图 3-55 来表达。在成岩产物中，几乎所有的钾长石被溶解，但部分钠长石得以保存，蒙皂石转化成伊利石，与不稳定长石（斜长石）溶解有关的自生高岭石共生，同时自生石英较多，这与长石溶解产生的硅和蒙皂石转化产生的硅叠加有关。该成岩阶段的起始温度约在 60℃ 左右，是蒙皂石伊利石化的界线（蒙皂石中开始出现伊利石对应温度）。到 120~140℃ 以上，会出现高岭石的伊利石化，同时蒙皂石的伊利石化在该温度基本停止。

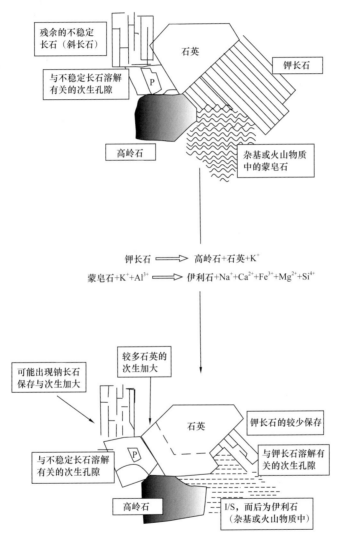

$$钾长石 \Longrightarrow 高岭石+石英+K^+$$
$$蒙皂石+K^++Al^{3+} \Longrightarrow 伊利石+Na^++Ca^{2+}+Fe^{3+}+Mg^{2+}+Si^{4+}$$

图 3-55　伊/蒙混层促进钾长石溶解的反应示意图

对比百一段不同沉积微相物性可知，颗粒流沉积砂质细砾岩渗透率均值为 64.79mD，水下河道沉积砂岩为渗透率均值为 6.42mD，水下泥石流沉积含泥含砂砾岩渗透率均值为 3.02mD，不同沉积微相渗透率差异显著。颗粒流沉积和水下河道沉积渗透性显著好于泥石流沉积。多期叠置的颗粒流沉积夹薄层水下河道砂岩构成了百一段局部高渗透层。该高渗透层有利于钾长石溶解析出的 K^+ 及时向附近伊/蒙混层运移，从而在一定程度上促进了反应（3-2）向正方向进行。

考虑附近断裂的影响，玛18井百一段应为半开放体系，诸多现象指示有断裂沟通烃类等外源流体对储层的改造作用。含烃类酸性混相流体进入储层后，会使得流体环境的pH值降低，酸性增强，碱性长石被溶蚀，释放出碱金属离子（如K^+等）和部分SiO_2，剩余组分将反应形成高岭石，SiO_2在附近形成自生石英。此外，通常还可以看到自生伊利石和绿泥石等共生矿物，这是因为自生伊利石形成所需的Al^{3+}和K^+也是来自钾长石的分解；而酸性水溶液对砂岩中陆源碎屑黑云母的蚀变分解，会提供丰富的Fe^{2+}和Mg^{2+}，为形成绿泥石沉淀奠定基础。钾长石溶解作用是消耗H^+的反应，在pH值小于7的环境中更易进行，因而酸性烃类流体充注促进了砂砾岩层系中钾长石与钠长石的溶解，特别是在局部高渗透层段。这也是百一段多期叠置的颗粒流沉积等局部高渗透层钾长石被彻底溶解的重要原因。而百一段大量存在的伊/蒙混层又决定了储层中钾长石溶解在先，只有在钾长石被消耗殆尽时钠长石才有可能发生大规模的次生溶解。

伴随着长石的溶解与次生孔隙的形成，黏土矿物的沉淀也是同步进行的。玛西地区百口泉组砂砾岩层系成岩产物中，百一段几乎所有的钾长石都溶解，但大部分钠长石得以保存，伊/蒙混层持续向伊利石转化，并与不稳定长石（斜长石）溶解有关的自生高岭石共生，自生石英较多。百二段和百三段钾长石仅发生部分溶解，与长石溶解伴生的高岭石大量发育，而自生石英同样较多。

扫描电镜观测发现，自生高岭石的发育通常伴随着长石的强烈溶蚀。如图3-56所示，长石被溶蚀成残骸状，形成了大量的晶内溶孔，高岭石晶体可呈似鳞片状零散附着在溶蚀的长石表面上，也可呈晶形发育良好的书页状集合体，晶径数微米，无任何的磨损和挤压变形。此外，高岭石还常与自生绿泥石、石英和伊利石等矿物共生：绿泥石主要以鳞片状或针片状生长在发生了强烈溶解作用的长石解理缝中，石英呈自形晶生长，而伊利石则呈丝发状围绕颗粒边缘生长（图3-56）。

高岭石实际上是分散充填在长石溶蚀后的粒间溶孔或粒间原生孔中（图3-56），这些高岭石还与其他一些矿物共生，如方解石和绿泥石等。它们既可以在溶蚀孔隙中很少残留，明显改善储层物性，也可以在原地大量沉淀，堵塞孔隙喉道，使得储层物性变差。

3. 方解石对成岩流体的指示

记录流体活动特点的最敏感矿物是碳酸盐类矿物（方解石等），它们的微量元素含量，碳、氧同位素等变化往往与成岩流体性质密切相关。因此对百口泉组储层样品中方解石进行了电子探针化学成分定量分析和碳、氧同位素分析，通过对比其中的MnO含量与碳、氧同位素数据粗略判断流体活动的成岩环境。

1）MnO含量变化特征

玛西地区百口泉组所发育的钙质胶结物只有无铁方解石。方解石主要呈两种产状：充填颗粒间孔隙；充填长石溶孔，沿着长石解理缝、颗粒边缘等薄弱处充填，乃至在钾/钠长石嵌晶中彻底交代，形成钾长石铸模（图3-57）。

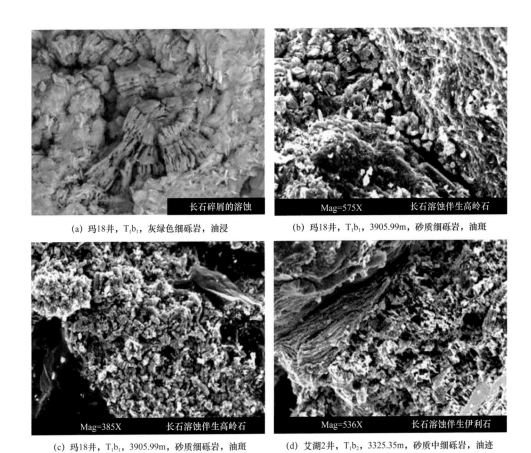

(a) 玛18井，T_1b_1，灰绿色细砾岩，油浸   (b) 玛18井，T_1b_1，3905.99m，砂质细砾岩，油斑

(c) 玛18井，T_1b_1，3905.99m，砂质细砾岩，油斑   (d) 艾湖2井，T_1b_2，3325.35m，砂质中细砾岩，油迹

图 3-56　与长石溶解伴生的泥质胶结物扫描电镜照片

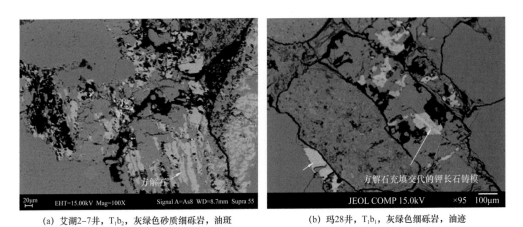

(a) 艾湖2-7井，T_1b_2，灰绿色砂质细砾岩，油斑   (b) 玛28井，T_1b_1，灰绿色细砾岩，油迹

图 3-57　百口泉组砂砾岩中方解石胶结物产状特征

依据产状、MnO 含量等地球化学特征，玛西地区百口泉组砂砾岩层系方解石可分为两种成因类型，即早期低 Mn 方解石与晚期高 Mn 方解石。低 Mn 方解石呈嵌晶或不定形状，常位于长石溶孔内或连通性较差的粒间孔，或在颗粒间原始孔隙内紧靠颗粒分布，自身常发育港湾状溶蚀孔（图 3-58）；MnO 含量一般低于 3%，多数小于 1%。高 Mn 方解石常为粗晶，发育于颗粒间，常在颗粒间原始孔隙中心位置分布（图 3-59）。

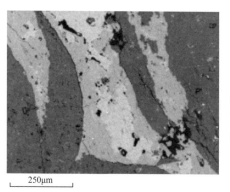

(a) 玛15井，百一段，Ca元素面分布图

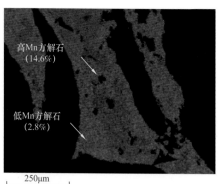

(b) 玛15井，百一段，Mn元素面分布图

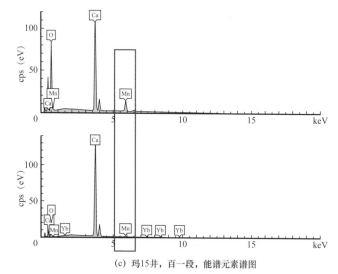

(c) 玛15井，百一段，能谱元素谱图

图3-58 百口泉组砂砾岩中两种成因方解石产状与能谱特征

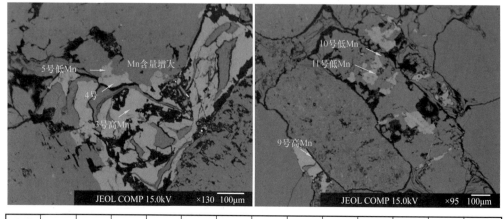

点号	CaO	Na₂O	K₂O	FeO	MgO	BaO	MnO	Al₂O₃	P₂O₅	La₂O₃	SiO₂	SrO	合计
9	52.295	0.011	0.007	0.110	0.219	0.087	6.853	0.010	—	0.071	—	—	59.663
10	55.650	0.048	0.012	0.030	0.050	0.030	0.883	0.018	0.012	—	—	—	56.733
11	55.232	0.028	0.159	0.030	0.077	—	0.978	0.097	0.006	—	0.470	—	57.077

图3-59 百口泉组砂砾岩中两种成因方解石产状与主量元素含量

依据场发射扫描电镜能谱分析和元素含量平面成图，两种成因类型方解石产状差异显著：低 Mn 方解石呈嵌晶状，常位于长石溶孔内或不连通的粒间孔，自身常发育小溶蚀孔；高 Mn 方解石为粗晶，发育于颗粒间（图 3-60）。

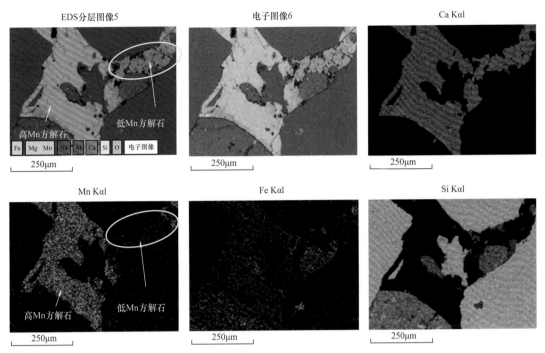

图 3-60 百口泉组砂砾岩中两种成因方解石分布特征

玛湖凹陷二叠系烃源层富含火山物质，烃源层系的地层水经过长期的成岩演化，必然带有一定的火山物源痕迹。也即是说，二叠系烃源层流体中富集 Mn 等与火山物质相关的元素组分。这种深部含油气流体在进入浅部百口泉组储层后一方面会溶解碳酸盐和长石类矿物，另一方面还发生化学扩散作用，使得碳酸盐胶结物富 Mn，有时甚至还发生新的富 Mn 方解石的沉淀，从而留下深部流体活动的痕迹。因此，储层碳酸盐胶结物中的 MnO 含量是示踪含油气流体活动的特征微量元素指标。

2）碳、氧同位素特征

碳、氧同位素可指示方解石的成岩环境，包括成岩温度、流体盐度及是否受有机质影响等。埋藏环境中 $\delta^{13}C$ 随深加大变化不大，多接近于 0。若存在有机碳来源，则 $\delta^{13}C$ 为高负值。$\delta^{18}O$ 则随埋深加大温度增大而减小。

通过细致的手标本鉴定结合滴 4% 稀盐酸冒泡的方法，选取了玛西地区百口泉组不同亚段的 46 块典型样品，包括了砂质细砾岩、含泥含砂砾岩和砂岩三种不同岩性。在玛瑙研钵研碎样至 200 目，烘干后再进行 C—O 同位素测试。可能因部分样品方解石胶结物含量太低，有 21 块样品未能测试到具有参考价值的碳、氧同位素值，得到了 25 个有效测试值（表 3-3）。

由数据表可见（表 3-3），玛西地区百口泉组砂砾岩储层中方解石 $\delta^{13}C$ 明显偏负。$\delta^{13}C$ 整体小于 -20‰，远低于正常成岩流体环境，接近烃类对应值或与烃类相关反应产

生 CO_2 的对应值。百一段长石溶孔内残留的早期低 Mn 方解石碳同位素整体位于 –45‰～ –35.2‰，相对而言偏负程度不大，受烃类影响相对弱；而百二段至百三段粒间晚期高 Mn 方解石碳同位素 –54.4‰～–24.1‰，受烃类影响显著（图 3-61）。

表 3-3　玛西地区百口泉组砂砾岩中方解石胶结物碳、氧同位素数据表

样号	层位	深度 （m）	岩性	$\delta^{13}C$ （‰，VPDB）	$\delta^{18}O$ （‰，VPDB）
AH4-2	T_1b_3	2881.38	灰色含砾含泥中砂岩	–48.1	–21.5
AH4-3	T_1b_3	2881.65	灰绿色泥质中细砂岩	–47.9	–21.7
AH4-4	T_1b_3	2883.75	灰绿色含泥细中砾岩	–52.6	–21.8
AH4-4-2	T_1b_3	2907.50	灰色含砾含泥细中砾岩	–47.6	–20.5
AH4-6	T_1b_3	2907.90	灰色钙质泥质胶结中细砾岩	–24.1	–20.5
M18-1	T_1b_3	3822.60	灰白色中细砂岩，高岭石胶结	–39.6	–20.6
M-39	T_1b_3	3824.25	灰绿色中细砾岩	–43.0	–19.7
X1-18	T_1b_3	3586.10	灰绿色中砾岩	–54.4	–22.6
AH2-8	T_1b_2	3313.70	灰绿色砂质细砾岩	–53.0	–20.9
M18-8	T_1b_2	3877.93	灰绿色泥质胶结砂质细砾岩	–41.2	–19.9
M-11	T_1b_2	3879.45	灰绿色中砾岩	–45.6	–20.1
AH1-2	T_1b_2	3795.45	灰绿色砂质细砾岩—粗砂岩过渡段	–35.5	–17.9
AH1-4	T_1b_2	3799.50	灰绿色砂质细砾岩	–41.7	–19.5
AH1-8	T_1b_2	3815.40	灰绿色砂质细砾岩	–40.4	–18.7
AH1-9	T_1b_2	3820.50	灰绿色泥质中砾岩	–39.5	–18.3
AH6-1	T_1b	3882.10	灰色含泥中砾岩	–40.7	–20.6
MH4-6	T_1b_2	3296.20	灰白色高岭石胶结细砾质粗砂岩	–29.7	–21.2
M20-1	T_1b_2	3829.58	灰绿色中砾岩	–36.3	–17.6
M20-2	T_1b_2	3829.90	灰绿色中砾岩	–55.6	–22.2
AH2-4-2	T_1b_1	3313.80	灰绿色泥质胶结中砾岩，高岭石发育	–63.6	–20.5
AH2-15	T_1b_1	3349.10	灰绿色砂质中砾岩	–42.8	–19.0
M18-13	T_1b_1	3911.64	灰绿色含砂细砾岩	–45.0	–19.5
M18-14	T_1b_1	3914.80	灰绿色砂质细砾岩	–39.9	–19.3
M18-17	T_1b_1	3916.63	灰绿色细砾岩	–43.7	–18.6
MH4-14	T_1b_1	3314.20	灰色含泥含砂中砾岩	–35.2	–19.7

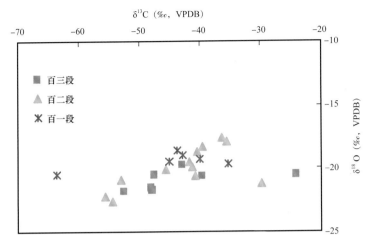

图 3-61　百口泉组不同亚段方解石碳、氧同位素分布特征

利用氧同位素可大致计算古温度，常用 Shackleton（1974）提出的计算公式：

$$t = 16.9 - 4.38\,(\delta_c - \delta_w) + 0.1\,(\delta_c - \delta_{w0})^2 \qquad (3\text{-}4)$$

式中　t——古温度，℃；

　　　δ_c——实测 $\delta^{18}O$（PDB 标准）；

　　　δ_w——岩石形成时与水平衡的 CO_2 的 $\delta^{18}O$；

　　　δ_{w0}——随 $\delta^{18}O$ 偏负程度增大，对应方解石成岩温度愈高。

百口泉组砂砾岩储层中方解石 $\delta^{18}O$ 整体小于 $-15‰$，依据 Skelenton 计算公式，研究区方解石成岩温度在 129.4℃ 以上。百一段方解石 $\delta^{18}O$ 较高，对应成岩温度较低，表明早期方解石尚有残留；百二段至百三段 $\delta^{18}O$ 偏负降低，成岩温度升高，为晚期成烃高温方解石较富集。因而，$\delta^{13}C$ 与 $\delta^{18}O$ 显著低值指示了玛西地区百口泉组方解石结晶过程中经历了高温含烃流体作用。

百口泉组砂砾岩中不同岩石类型碳、氧同位素也有一定的分区性，指示了不同岩性所经历的成岩过程与成岩环境的不同。所选样品中砂质细砾岩 3 块来自百一段，3 块取自百二段；含泥含砂砾岩取自 3 个亚段；砂岩取自百三段。分析结果为：砂质细砾岩中方解石 $\delta^{13}C$ 值为 $-45.0‰\sim-35.3‰$，$\delta^{18}O$ 值为 $-19.5‰\sim-17.9‰$；含泥含砂砾岩中方解石 $\delta^{13}C$ 值为 $-63.6‰\sim-24.1‰$，$\delta^{18}O$ 值为 $-22.6‰\sim-17.6‰$；砂岩中方解石对应值为 $-48.1‰\sim-29.7‰$，$\delta^{18}O$ 值为 $-21.7‰\sim-20.6‰$（表 3-3）。可见砂质细砾岩中以长石溶孔内充填物存在的方解石，其 $\delta^{13}C$ 和 $\delta^{18}O$ 分布较集中（图 3-62），反映出其成岩温度较低、受烃类影响较弱，指示了早期成岩流体环境；含泥含砂砾岩中以粒间胶结物与长石溶孔内充填两种产状存在的方解石，$\delta^{13}C$ 值分布范围很大，表明方解石成岩受烃类影响变化差异很大，并指示了晚期成烃流体环境的存在；百三段砂岩中方解石 $\delta^{13}C$ 值变化也较大，受到了烃类的一定影响，$\delta^{18}O$ 值变化不大，表明其中方解石成岩温度变化不大。

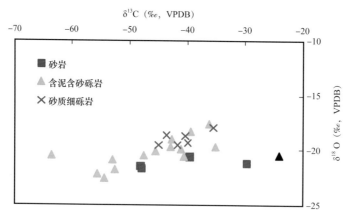

图3-62 百口泉组不同岩性方解石碳、氧同位素分布特征

三、储集空间成因模式

玛西地区百口泉组储集空间的形成受沉积微相的控制显著，即原生孔隙很大程度上决定了优质储层分布，但局部层段钾长石的溶解明显改善了百口泉组砂砾岩储层物性。

1. 沉积微相决定了粒间孔发育

从岩石结构考虑，粒间孔发育受颗粒支撑结构与颗粒间填隙物含量控制。对玛西地区百口泉组来说，尽管不同亚段表现出不同的地层压力，但百一段与百二段、百三段所经历压实作用并没有明显区别，所以压实作用并没有造成不同亚段颗粒接触方式的显著差异，而不同微相颗粒接触方式受粒间泥质杂基含量的影响显著。砂质细砾岩因杂基含量最低（<10%），粒间孔面孔率占总孔隙面孔率的50%以上；砂岩杂基含量中等（3%～25%，一般<15%），粒间孔面孔率占总孔隙面孔率的30%～55%；含泥含砂砾岩杂基含量较高（10%～33%），则粒间孔面孔率占总面孔率的25%以下。可见，杂基含量显著影响粒间孔的发育，而杂基含量受沉积微相的控制，所以沉积微相控制了砂砾岩粒间孔的发育情况。

相对于长石等次生孔隙而言，粒间孔孔径较大（>100μm）且连通性好，是极好的储集空间类型。在玛西地区百口泉组，粒间孔的较多发育决定了砂砾岩储层较好的储集性能。因而，沉积微相从根本上控制了储层良好储集层段的分布，这点也在不同沉积微相的物性特征上有明显体现。

2. 流动单元对次生孔隙分布的影响

研究区百口泉组砂砾岩储层流动单元的划分来自玛18井等典型井高岭石垂向规律性分布的启示。以玛18井为例，高岭石在靠近中厚层泥岩或含泥砾岩等隔挡层的大段渗透层（流动单元）顶部富集；同时，高岭石在泥石流沉积等低渗透层段含量较高，在局部高渗透层段含量低（图3-63）。结合钾长石含量变化，可以看出流动单元中下部溶蚀作用强，较少高岭石沉淀，物性较好；上部流体活动弱，较多高岭石沉淀，物性变差。

由于砂砾岩层系中厚层泥岩和含泥砾岩等存在，限制了成岩和成烃流体的纵向越流，从而形成在纵向上相互分隔的流体活动单元，控制了长石等矿物的溶蚀、高岭石等次生矿物的沉淀，在纵向上呈规律性波动。同一流动单元内，中下部溶蚀强烈，上部沉淀显著，形成储集物性的规律性变化，制约着优质储层的发育。

因而原始物性好的颗粒沉积流砂质细砾岩或水下河道沉积砂岩层段为流体运移的优势通道，高岭石在不断流动微环境中难以聚集，而在附近物性差的层段局部富集。原始物性好的层段仅在颗粒周缘残留泥膜和少量高岭石，物性变得更好（如颗粒流沉积砂质细砾岩）；原始物性差的层段则变得更差（如泥石流沉积含泥含砂砾岩）。

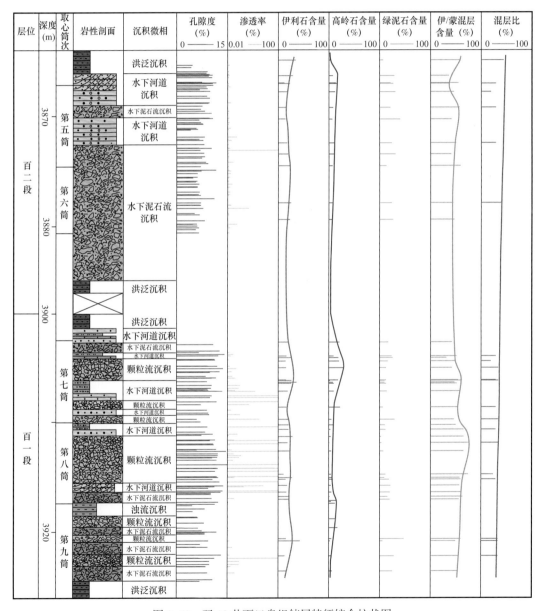

图 3-63　玛 18 井百口泉组储层特征综合柱状图

3. 成岩过程分析

在沉积后成岩、烃类充注等过程中伴随长石选择性溶蚀，砂砾岩原生孔隙会得到改善或破坏。

依据岩心烃类分布与石英加大边包裹体实测数据，玛西地区三叠系百口泉组存在早侏罗世和早白垩世两期充注。百口泉组发育固体沥青，赋存于原生孔隙或裂缝中，应是早侏罗世成熟油与长石反应后产物，为第一期烃类充注；早白垩世中—晚期高熟油为第二期烃类充注，对应的包裹体均一温度分别为70～90℃和100～120℃（图3-64）。

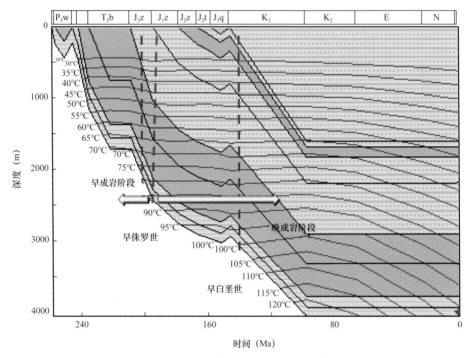

图3-64 玛18井百口泉组埋藏史演化图

百口泉组同生到埋藏成岩作用初期阶段，由于斜长石，尤其是偏基性的斜长石（如钙长石）具有低温条件下比钾长石和钠长石低得多的溶解反应吉布斯自由能增量（ΔG），并且这些长石的溶解反应具有随温度增加吉布斯自由能增量增加的趋势，因而钙长石等偏基性的斜长石具有显著的低温条件下的不稳定性特征，成为该成岩阶段被溶解长石的主要类型，这也是钾长石在该阶段相对稳定的重要原因。

在成岩阶段 I（相对浅埋藏条件），成岩温度小于85℃，因压实释放出酸性流体，因而在同生到埋藏成岩作用的初期阶段就会造成长石等铝硅酸盐矿物的广泛溶解。不稳定的偏基性斜长石可能在该成岩阶段中就溶解耗尽，但形成的次生孔隙很难保存到埋藏成岩作用的晚期，尤其是在缺乏早期分散胶结作用的情况更是如此，因而与长石溶解作用有关的次生孔隙十分有限。

可以认为，通过同生期到埋藏成岩作用初期以后，偏基性的斜长石（如钙长石）已难以保存（实际上，偏基性的斜长石在风化阶段就已大量溶解），地层中保留的主要是钾长石和偏酸性的斜长石（如钠长石）。在埋藏成岩作用初期到 120～140℃ 成岩阶段 II 中，地层初始物质中含膨胀层的黏土矿物（如同期火山物质）的数量成为控制长石溶解方式的主要因素，作为耗钾反应的蒙皂石—伊利石转化反应是克服埋藏成岩过程中钾长石溶解动力学屏障的重要机制：如果骨架颗粒中存在较多的钾长石，同时又存在较多的含膨胀层的黏土矿物，则次生孔隙主要由钾长石溶解提供，会存在斜长石的钠长石化或自生钠长石的沉淀。

同时，在不同成岩阶段伴随着长石的选择性溶蚀，方解石溶解—沉淀反应也在不断进行。在成岩阶段 I，由于埋藏较浅，地层温度小于 85℃，百口泉组尚未有明显的油气充注，整体为成岩流体环境。在该阶段，因钙长石的大量溶解提供 Ca^{2+}，随着成岩环境 Ph 值的稍微起伏变化，百口泉组便会出现早期低 MnO 含量方解石的沉淀。而在成岩阶段 II，随着埋深加大，地层温度大于 85℃，百口泉组接受了明显的阶段性成烃流体充注。在该阶段，早期沉淀的低 MnO 含量方解石在酸性含烃流体作用下大量溶解，仅在早期长石溶孔和不连通孔隙内少量残留，同时，伴随着储层中伊/蒙混层的伊利石化，大量钾长石溶解产生次生孔隙，并产生高岭石、自生石英等次生矿物（图 3-65）。

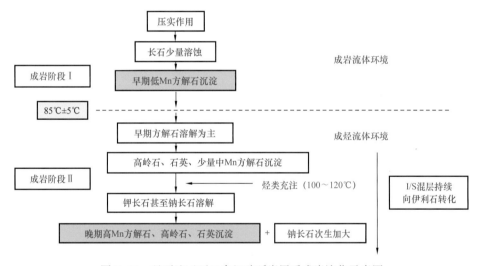

图 3-65　玛西地区百口泉组砂砾岩层系成岩演化示意图

4. 成因模式

玛西地区百口泉组砂砾岩储层储集空间的形成取决于两个关键阶段：（1）沉积阶段：不同沉积微相因杂基含量、颗粒分选等方面的极大差异，造成了颗粒流沉积砂质细砾岩与水下河道沉积砂岩粒间孔的较好发育，从而初步具有了较好的储集能力；（2）成烃流体改造阶段：百口泉组埋藏后，在二叠系含烃流体经断裂充注百一段、百二段颗粒流与水下河道沉积原始物性较好的层段时，受中厚层块状泥岩或含泥砾岩等差渗透隔挡层的限制，形成了成岩过程中相对分隔的流动单元。流动单元控制了含烃流体注入时砂砾岩储层相应矿物的溶蚀—沉淀作用的分段进行（图 3-66）。同一单元内，受酸性含烃流体的影响，伴随着储层中伊/蒙混层的伊利石化，中下部层段钾长石溶蚀强烈，上部高岭石不断沉淀，导致储层物性规律性变化，因此优质储层分段出现。在钾长石溶蚀过程中，原始物性较好的颗粒流微相等层段为含烃流体运移的优先通道，由于流体不断渗流的影响，高岭石等次生矿物在这些高渗透层段难以聚集，而在附近物性差的层段局部富集。原始物性好的层段仅在颗粒周缘残留泥膜和少量高岭石，物性变地更好（如颗粒流沉积砂质细砾岩）；原始物性差的层段因高岭石等次生矿物的富集，则变得更差（如泥石流沉积含泥含砂砾岩）。

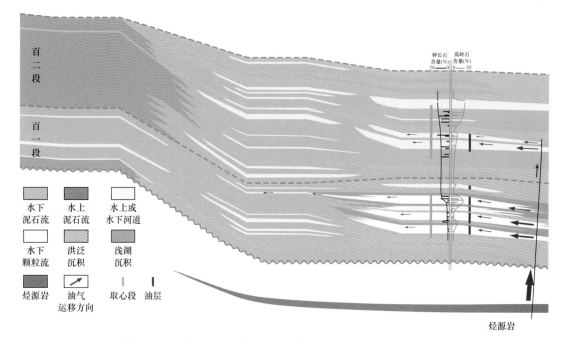

图 3-66　玛西地区百口泉组砂砾岩储层储集空间形成机理模式图

第四节　成岩作用及成岩序列

一、玛西地区三叠系百口泉组

1. 压实（压溶）作用

广义上的压实作用主要是指在垂向上剪切—挤压应力和侧向上构造挤压应力作用下，碎屑颗粒紧密排列，塑性组分挤入孔隙，致使沉积物体积不断减小并伴随着孔隙水体排出的过程，在这个过程中，外部应力（包括埋藏应力和构造应力）是外因，而岩石的刚/塑特性是内因。数据分析表明，研究层段内以岩浆质组分为主，刚/塑性方面没有明显差异，因此研究层段压实（压溶）作用主要受控于垂向埋藏差异。

整体上，玛西地区三叠系百口泉组自沉积以来直至白垩纪，基本处于持续快速沉降状态，白垩纪中期之后沉降进入停滞状态，达到现今埋深（图 3-67）。沉降过程中曾经达到的最大埋深制约着研究层段的压实效应。

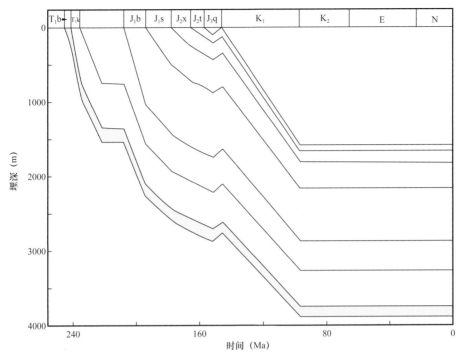

图 3-67　玛西地区玛 18 井百口泉组埋藏演化史图

显微尺度上，玛西地区百口泉组压实效应有如下特征：刚性颗粒破裂（图 3-68a）；颗粒间接触方式主要呈现凹凸接触和近似缝合线接触（图 3-68b）。这表明研究层段整体上压实效应较强。

各井区最大埋深差异明显（表 3-4），埋深较大的井区为玛 18 井区，平均深度为 3792m（埋深区间为 3642～3852m），玛湖 1 井区和艾湖 2 井区埋深较浅，且差异较小，玛湖 1 井区平均深度为 3355.7m（埋深区间为 3019～3752m），艾湖 2 井区则平均深度为 3473.6m（埋深区间为 2818～3850m）。整个研究区埋深差距不足 500m，由埋深造成的压实效应差异较小。

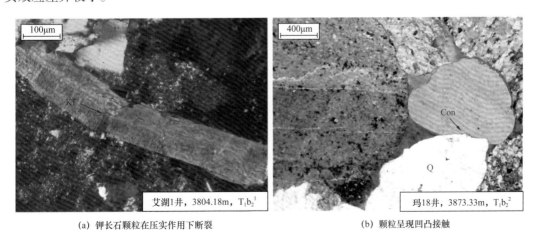

(a) 钾长石颗粒在压实作用下断裂　　　　(b) 颗粒呈现凹凸接触

Kf—钾长石；Con—压实接触；Q—石英

图 3-68　玛西地区百口泉组压实效应图版

表 3-4　玛西地区不同井区百口泉组顶面深度表

井区	玛 18 井区	玛湖 1 井区	艾湖 2 井区
顶面最大埋深（m）	3642～3852 / 3792	3019～3752 / 3355.7	2818～3850 / 3473.6

注：$\dfrac{3642\sim3852}{3792}$ 为 $\dfrac{埋深区间}{平均深度}$。

2. 胶结作用

玛西地区百口泉组胶结效应较弱，多数样品中的胶结物含量在 0～1.5% 之间（表 3-5），胶结类型不丰富且含量较少，常见的类型主要为碳酸盐胶结物。由于整体含量远低于杂基含量，胶结物因素对于储层储集性能的影响较弱。

表 3-5　玛西地区百口泉组不同填隙物类型含量表

井区	层段	杂基（%）	胶结物总含量（%）
艾湖 2 井区	T_1b_3	18.33	0
	T_1b_2	1.90	0.80
	T_1b_1	2.29	0.25
玛 18 井区	T_1b_3	10.00	0
	T_1b_2	3.70	0.24
	T_1b_1	3.67	0.05
玛湖 1 井区	T_1b_3	—	—
	T_1b_2	12.60	1.20
	T_1b_1	3.40	0

3. 溶解作用

碎屑岩储层中的碎屑颗粒、基质、胶结物在一定的成岩环境及物理化学条件下可以遭受程度不等的溶蚀作用并形成溶孔，成为油气藏较为重要的储集空间。研究层段内溶蚀改造较为常见，主要针对骨架组分（包括砂质组分和砾石组分）及填隙物进行的溶蚀改造。主要为下伏烃源岩热解所产生的大量有机酸经输导体系向储层充注而产生的溶蚀作用。

骨架组分溶蚀作用主要涉及岩屑颗粒和砾石组分等不稳定颗粒，产生铸模溶孔、网状溶孔、粒内溶孔及粒缘溶孔，骨架颗粒不同溶蚀程度均可以见到（图 3-69）。

此外，填隙物内不稳定矿物成分的溶蚀也较为常见，主要针对不稳定的微粒组分进行的溶蚀改造，产出高岭石胶结物作为溶蚀改造的副产物。

上述两类溶蚀现象的分布存在差异，骨架组分的溶蚀较为普遍，在各井区均发育，而填隙物的溶蚀改造仅在玛湖 2 井区可见。鉴于填隙物的溶蚀作用产出高岭石胶结物，所以该溶蚀作用对于储层储集性能的影响较为有限。

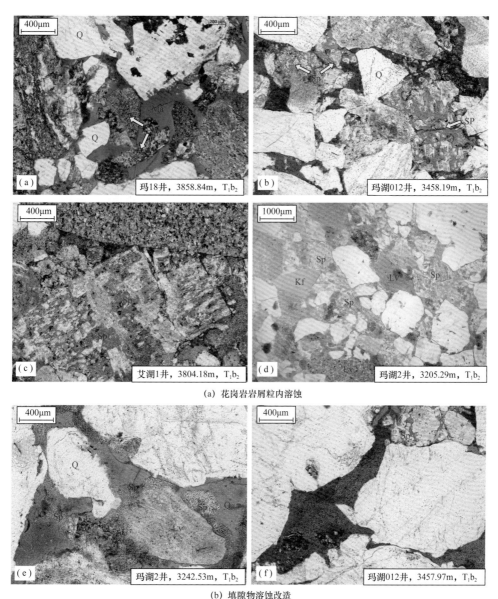

(a) 花岗岩岩屑粒内溶蚀

(b) 填隙物溶蚀改造

Kf—钾长石；Lv—火山岩岩屑；Q—石英；Sp—溶蚀孔隙；Ma—原杂基

图3-69 玛西地区百口泉组溶蚀效应图版

4. 收缩作用

针对研究层段填隙物内常见的收缩作用，本次研究挑选不同成岩改造类型的填隙物进行了原位电子探针分析。

按照成岩改造的差异，大致可以将原杂基填隙物分为3种类型（图3-70）：无明显改造型、溶蚀改造型、脱水收缩型。

经过探针数据分析（图3-71），不同成岩改造原杂基的成分差异明显，即发生脱水收缩的原杂基呈现出高钾硅—贫铁镁的元素构成特征，发生溶蚀改造的原杂基呈现出低钾硅—高铁镁的元素构成特征，无明显改造的原杂基呈现出极低硅—极高铁的元素构成特征。

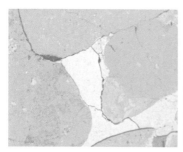  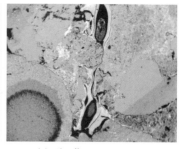

（a）玛18井，3858.84m，T₁b₁   （b）艾湖1井，3860.17m，T₁b₁   （c）玛18井，3923.12m，T₁b₁
填隙物无明显改造现象   填隙物呈明显溶蚀现象   填隙物收缩现象

图 3-70　玛西地区百口泉组不同成岩改造原杂基类型（BSE 图像显示）

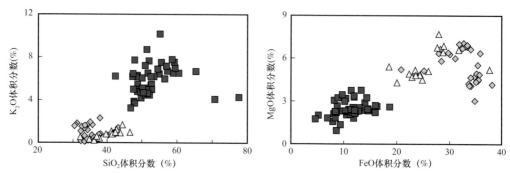

■ 中基性贫铁/镁—富钾原杂基 (脱水收缩)　△ 超基性凝灰质填隙物 (溶蚀改造)　◇ 超基性富铁凝灰质填隙物 (无明显改造)

图 3-71　玛西地区百口泉组不同成岩改造原杂基探针成分分析

5. 关键成岩改造序列

研究层段沉积初始阶段孔隙经过一系列成岩改造，保持现今 10% 左右的孔隙度。经历了 3 期孔隙演化阶段（图 3-72）：

第一期，自埋藏起始阶段至早成岩 B 期中后阶段，研究层段在强烈的压实作用和硅质及方解石胶结作用下，原生孔隙发生急剧下降，从 30% 的初始孔隙度降至 15%。

第二期，自早成岩 B 期中后阶段至中成岩阶段 A 期的中间阶段，研究层段内发生规模酸性介质介入后的溶蚀改造，主要针对钾长石和广泛发育的火山岩岩屑，形成酸性溶孔，促进层段内隙广泛产出次生孔，但由于溶蚀改造过程中，大量高岭石副产物随后充填前期形成的次生溶孔，使得溶蚀改造所带来的实质性面孔率的增幅并不明显，整体孔隙度也仅由第一期末的 15% 增加至 20%。

第三期，自中成岩阶段 A 期的中间阶段至今，由于埋深的进一步增加，储层孔隙度进一步降低，油气的充注使得储层孔隙度降低幅度明显减缓，继而保持现今状态。

二、玛北地区三叠系百口泉组

1. 压实（压溶）作用

整体上，玛北地区三叠系百口泉组自沉积以来直至白垩纪，基本处于持续快速沉降状态，白垩纪中期之后沉降进入停滞状态，达到现今埋深（图 3-73）。

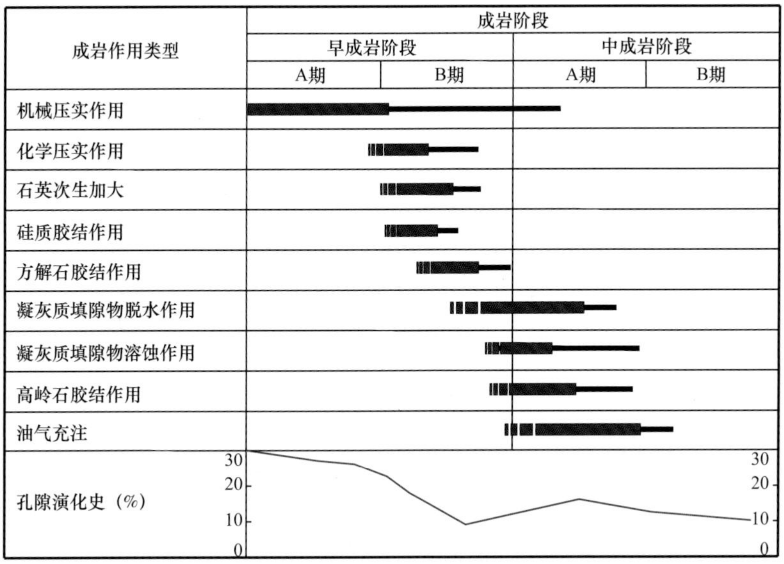

成岩阶段
成岩作用类型
早成岩阶段
中成岩阶段
A期
B期
A期
B期
机械压实作用
化学压实作用
石英次生加大
硅质胶结作用
方解石胶结作用
凝灰质填隙物脱水作用
凝灰质填隙物溶蚀作用
高岭石胶结作用
油气充注
孔隙演化史（%）
30
20
10
0

图 3-72　玛西地区百口泉组关键成岩改造序列

T_1b
T_2k
J_1b
J_2s
J_2x
J_2t
J_3q
K_1
K_2
E
N
埋深（m）
0
1000
2000
3000
4000
240
160
80
0
时间（Ma）

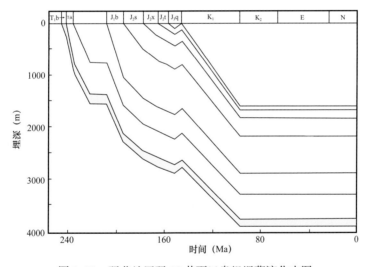

图 3-73　玛北地区玛 13 井百口泉组埋藏演化史图

显微尺度上，玛北地区百口泉组压实效应有如下特征：刚性颗粒破裂（图 3-74a）；颗粒（主要针对长条形等非圆形颗粒）明显重排、紧密堆积（图 3-74f）；塑性岩屑挤压变形（图 3-74d）。其中最常见为颗粒接触方式的差异，即颗粒间的接触方式由沉积初始的点接触（图 3-74g、h，主要分布于夏 72 井区）发展到目前的凹凸接触（图 3-74e、f，主要分布于玛 13 井区），甚至部分可见缝合线接触（图 3-74b、c，主要分布于玛 2 井区和玛 18 井区），这表明压实效应玛 18 井区和玛 13 井区要强于玛 2 井区，夏 72 井区压实效应相对较弱。

各井区最大埋深差异明显（表 3-6），埋深最大的井区为玛 18 井区，平均深度为 3705.6m（埋深区间为：3526～3810m），埋深最小的井区为夏 72 井区，平均深度为 2558.2m（埋深区间为：1891.3～2821.6m），其余玛 2 井区、玛 131 井区和玛 15 井区埋深居中，整个研究区埋深差距在 1200m 左右，明显的埋深差异是研究层段压实效应差异的主控因素。

Con—颗粒接触；F—长石；KF—钾长石；L—岩屑；Mi—云母；Q—石英

图 3-74　玛北地区百口泉组压实效应显微图版

表 3-6　玛北地区不同井区百口泉组顶面深度表

井区	玛18井区	玛2井区	玛131井区	玛15井区	夏72井区
顶面最大埋深（m）	$\dfrac{3526.0\sim3810.0}{3705.6}$	$\dfrac{3335.9\sim3542.9}{3400.1}$	$\dfrac{3144.7\sim3254.2}{3203.8}$	$\dfrac{3037.2\sim3274.5}{3129.7}$	$\dfrac{1891.3\sim2821.6}{2558.2}$

注：$\dfrac{3526.0\sim3810.0}{3705.6}$ 为 $\dfrac{\text{埋深区间}}{\text{平均深度}}$。

2. 胶结作用

玛北地区百口泉组胶结效应较弱，多数样品中的胶结物含量在 0～2% 之间（表 3-7），胶结类型不丰富且含量较少，常见的胶结物类型主要由碳酸盐胶结物、沸石类矿物胶结物、黏土矿物胶结物及零星可见的硅质胶结物。

表 3-7　玛北地区百口泉组不同填隙物类型含量表

层段	杂基（%）	胶结物含量（%）			
		黏土矿物胶结物	碳酸盐胶结物	硅质胶结物	沸石类胶结物
T_1b_3	3.48	1.88	1.57	0.02	0.19
$T_1b_2{}^1$	2.73	1.14	0.83	0.05	0.10
$T_1b_2{}^2$	2.44	0.20	0.44	0	0
T_1b^1	4.26	0.32	0.33	0	0

1）石英（硅质）胶结物

硅质胶结物是众多胶结物中矿物学成分最简单的一类，主要以石英次生加大的形式产出，次生石英及其主晶石英在光性上的连续性表明二者呈部分或完全的共轴生长。

研究层段硅质胶结主要以石英次生加大（图 3-75a、b）和石英次生结晶（图 3-75c 至 f）两种方式产出，在成岩序列上无明显差异。石英次生加大的发育极为有限，仅在个别样品中少量发育，含量均值都仅为 0.1% 左右。从石英（硅质）胶结与成岩改造产物的接触关系推断，石英（硅质）胶结早于方解石胶结，但是晚于填隙物收缩。

2）碳酸盐胶结物

玛北地区百口泉组碳酸盐胶结物发育较为局限，仅分布于零星的样品中，整体含量较低。层段内常见方解石胶结物（$CaCO_3$）和铁方解石胶结物，在颗粒间主要呈嵌晶胶结（图 3-76）。从成岩改造产物的接触关系可以推断，方解石胶结物要晚于硅质胶结，主要形成于埋藏中后期阶段。另外，方解石胶结主要发育于重力流砂砾岩相中，在其他的岩相类型中发育较少。

3）沸石类矿物胶结物

沸石类矿物为自生铝硅酸盐矿物，形成于开放的水动力环境下，其成因与大量火山物质的水化关系密切。根据扫描电镜观察，层段内的沸石矿物主要以胶结物的形式充填于粒间孔隙内，沸石类矿物晶形大多完好，主要形成于原始沉积组分蚀变过程之中（图 3-77）。

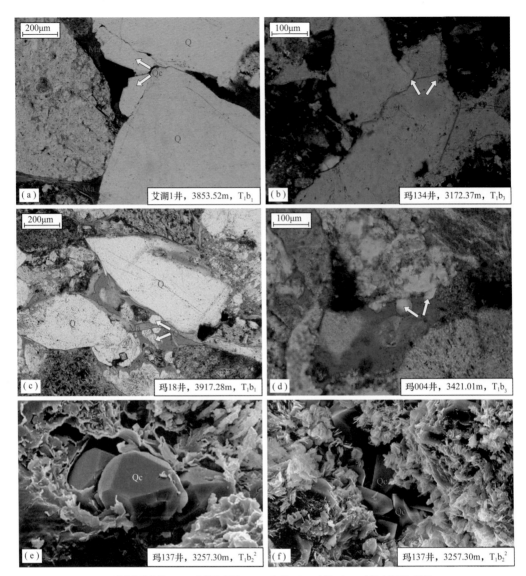

Ca—碳酸盐胶结物；Lv—岩浆岩岩屑；Ma—杂基；Q—石英；Qc—石英（硅质）胶结

图 3-75　玛北地区百口泉组石英（硅质）胶结效应显微图版

4）黏土矿物胶结物

黏土矿物胶结作用是储层常见的胶结反应之一。X 射线衍射分析所揭示出的研究层段发育的黏土矿物有四种主要类型：高岭石、伊/蒙混层、绿泥石以及伊利石。

（1）高岭石：研究层段内的高岭石相对富集于玛 13 井区和玛 2 井区一带，主要从富含 SiO_2 和 Al^{3+} 的循环孔隙水中析出。镜下高岭石以充填孔隙（主要为次生溶蚀孔隙）的形式产出（图 3-78a 至 d），表明酸性流体介入储层内所引发的水—岩相互作用形成于埋藏成岩期。

（2）伊/蒙混层：伊/蒙混层是研究层段中常见的黏土矿物之一，在储层中以不规则片状充填于孔隙之中（图 3-78e，f）。

（3）绿泥石：绿泥石是 2:1 型含水层状铝硅酸盐，在偏光显微镜下多具有淡绿—亮黄的多色性，正低突起，干涉色不高于一级，有的变种呈现靛蓝、褐锈及丁香紫等异常干涉色。常见以单矿物充填孔隙或附着于碎屑颗粒表面（图 3-78g、h）。

Ca—碳酸盐胶结物；Lv—岩浆岩岩屑；Q—石英

图 3-76　玛北地区百口泉组碳酸盐胶结效应显微图版

Ch—绿泥石；I/S—伊/蒙混层；Zeo—沸石类胶结物

图 3-77　玛北地区百口泉组沸石类矿物胶结效应显微图版

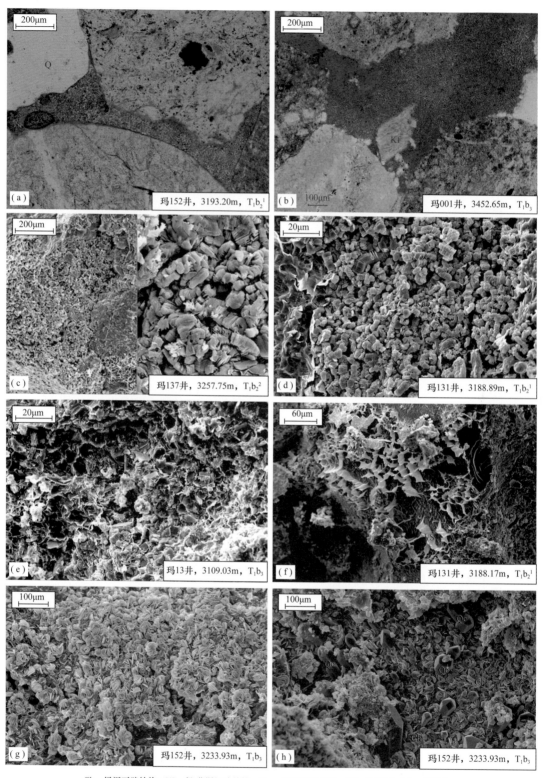

Ch—绿泥石胶结物；I/S—伊/蒙混层胶结物；Kao—高岭石胶结物；Kf—钾长石；Ma—填隙物；
Q—石英；Qc—石英胶结物

图3-78 玛北地区百口泉组黏土矿物胶结效应显微图版

（4）伊利石：伊利石常呈不规则的细小晶片产出，其集合体通常呈颗粒包膜或孔隙衬边形式出现，由于样品数据所限，伊利石仅在玛 6 井研究层段内较为富集。

垂向上，不同类型黏土矿物相对含量呈现明显的变化规律（以玛 139 井和玛 006 井为例）。伊利石与高岭石矿物含量在纵向上差异不大，但伊/蒙混层和绿泥石矿物则呈现截然不同的规律，伊/蒙混层矿物含量自下而上逐渐降低，而绿泥石相对含量则自下而上逐渐增加（图 3-79）。结合其平面展布规律，表明伊/蒙混层矿物和绿泥石矿物的含量分布明显受控于沉积环境的平面与垂向展布规律。

不同沉积成因砂体内黏土矿物类型有明显的差异，伊/蒙混层矿物相对富集于以泥石流沉积为代表的扇三角洲平原沉积区域（均值为 52.5%），而在水下分流河道砂体内相对含量相对较低（均值为 30.3%）（图 3-80）。从整体上看，伊/蒙混层矿物分布规律与沉积相展布方向类似，也验证了上述伊/蒙混层矿物在不同沉积成因砂体内的分布规律。从平面上来看，距物源较近的扇三角洲平原亚相的砂体内，伊/蒙混层含量较高，而其相对低值主要分布于距物源较远的扇三角洲前缘亚相的砂体内（图 3-81）。

3. 溶解作用

碎屑岩储层中的碎屑颗粒、基质、胶结物在一定的成岩环境及物理化学条件下可以遭受程度不等的溶蚀作用并形成溶孔，成为油气藏较为重要的储集空间。

玛北地区百口泉组溶蚀改造较为常见，主要针对骨架组分（包括砂质组分和砾石组分）进行的溶蚀改造。

骨架组分的溶蚀作用主要涉及岩屑颗粒和砾石组分等化学不稳定颗粒，产生铸模溶孔、网状溶孔，粒内溶孔及粒缘溶孔，骨架颗粒不同溶蚀程度均可以见到（图 3-82），其主要驱动机制为下伏烃源岩热解所产生的大量有机酸经输导体系向储层的充注。在酸性流体介质下填隙物内不稳定矿物成分发生溶蚀，并产出高岭石胶结物作为溶蚀改造的副产物。

4. 关键成岩改造序列

研究层段沉积初始阶段孔隙经过一系列成岩改造，保持现今 10% 左右。其经历了三期孔隙演化阶段：

第一期，自沉降起始阶段至早成岩 B 期中后阶段，研究层段在强烈的压实作用和硅质及方解石胶结作用下，原生孔隙发生急剧下降，从 30% 初始孔隙度降至 15%；

第二期，自早成岩 B 期中后阶段至中成岩阶段 A 期的中间阶段，研究层段内发生规模酸性介质介入后的溶蚀改造，主要针对钾长石和广泛发育的火山岩岩屑，形成酸性溶孔，促进层段内广泛产出次生孔隙，但由于溶蚀改造过程中，大量高岭石副产物随后充填前期形成的次生溶孔，使得溶蚀改造所带来的实质性面孔率的增幅并不明显，整体孔隙度也仅由第一期末的 15% 增加至 20%；

第三期，自中成岩阶段 A 期的中间阶段至今，由于埋深的进一步增加，储层孔隙度进一步降低，油气的充注使得储层孔隙度降低幅度明显减缓，继而保持现今状态（图 3-83）。

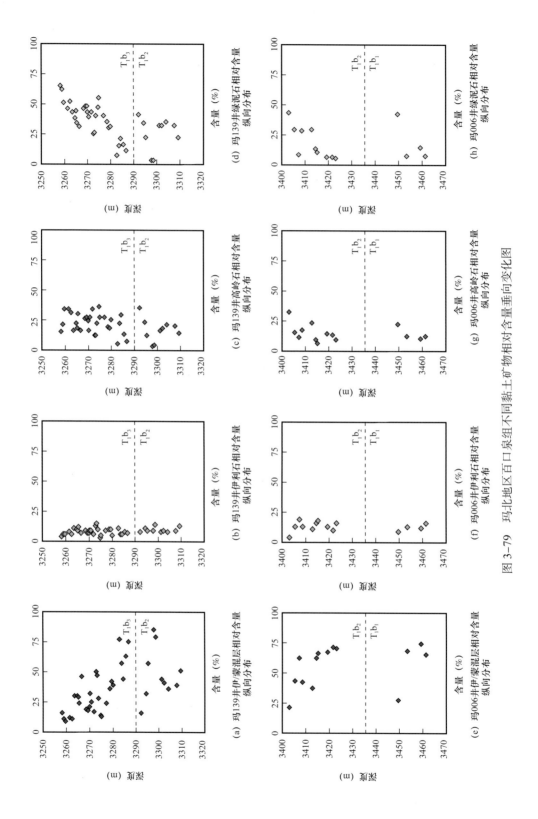

图 3-79　玛北地区百口泉组不同黏土矿物相对含量垂向变化图

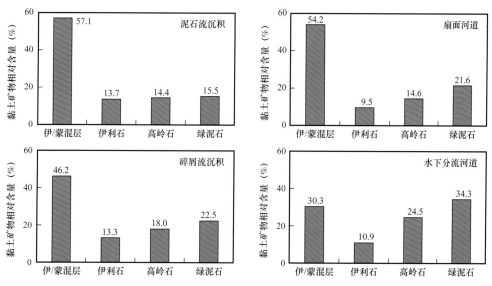

图 3-80　玛北地区百口泉组不同沉积砂体内黏土矿物相对含量柱状图

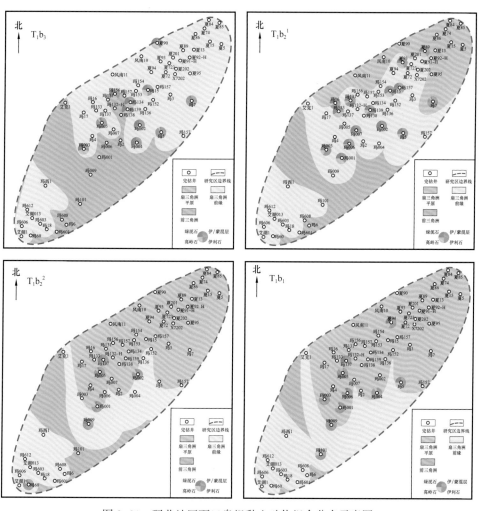

图 3-81　玛北地区百口泉组黏土矿物组合分布示意图

Kf—钾长石；Kao—高岭石胶结物；Ma—杂基；Q—石英；SP—溶蚀孔隙

图 3-82　玛北地区百口泉组溶蚀改造效应显微图版

三、玛北地区二叠系乌尔禾组

1. 压实（压溶）作用

玛北地区二叠系乌尔禾组埋藏演化主要分为三个阶段：研究层段沉积后，短期内即遭受抬升剥蚀，直至三叠纪初（百口泉组）之后，才进一步沉降；继早三叠世持续沉降，直至白垩纪早期，研究层段基本处于持续快速沉降状态；研究层段白垩纪中期之后沉降进入停滞状态，达到现今埋深。

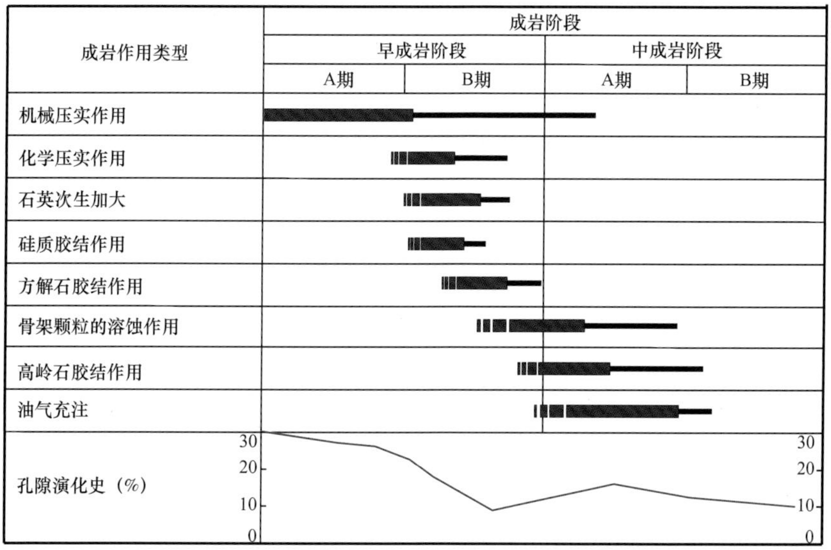

成岩作用类型	成岩阶段			
	早成岩阶段		中成岩阶段	
	A期	B期	A期	B期
机械压实作用				
化学压实作用				
石英次生加大				
硅质胶结作用				
方解石胶结作用				
骨架颗粒的溶蚀作用				
高岭石胶结作用				
油气充注				
孔隙演化史（%）				

图 3-83 玛北地区百口泉组关键成岩改造序列

玛北地区乌尔禾组压实效应在显微尺度上表现在以下几个方面：颗粒（主要针对长条形等非圆形颗粒）明显重排、紧密堆积（图 3-84a，b）；塑性岩屑挤压变形（图 3-84c 至 e），其中最常见为颗粒接触方式的差异，即颗粒间的接触方式呈现出凹凸接触；部分样品中含有大量黏土级填隙物，该填隙物在压实过程产出了部分裂隙，形成了局部较为常见的裂缝（图 3-84f）。

整体上，玛北地区二叠系层段内压实效应较强，绝大多数原生粒间孔被压实作用所破坏（图 3-85）。一方面由于研究区二叠系乌尔禾组的顶面埋深均大于 3000m，较大埋深使得层段压实效应较强；另一方面，层段内塑性岩屑（主要为部分岩浆岩岩屑和沉积岩岩屑）在压实过程中易发生变形，进一步增强了压实效应。

2. 胶结作用

由于砂砾岩储层内泥质杂基含量较高，从某种程度上抑制了后期碳酸盐类胶结物的发育。研究层段内胶结效应较弱，多数样品中的胶结物含量在 0～2% 之间（表 3-8），胶结类型不丰富且含量较少，常见的胶结物类型主要由碳酸盐胶结物（仅局部富集）、沸石类矿物胶结物、零星可见的硅质胶结物及黏土矿物胶结物。

1）碳酸盐胶结物

玛北地区下乌尔禾组碳酸盐胶结物发育较为局限，仅分布于零星的样品中，整体含量较低。层段内常见方解石胶结物和零星的铁方解石胶结物，在颗粒间主要呈嵌晶胶结（图 3-86）。与成岩改造产物的接触关系可以推断，方解石胶结物主要形成于埋藏早期阶段。另外，方解石胶结主要发育于重力流砂砾岩相中，在其他的岩相类型中较少发育。

2）沸石类矿物胶结物

沸石类矿物为自生铝硅酸盐矿物，形成于开放的水动力环境下，其成因与大量火山物质的水化关系密切。层段内的沸石矿物主要为浊沸石，化学分子式为 $CaAl_2Si_4O_{12} \cdot 4H_2O$。

砂砾岩储层内的浊沸石胶结物通常以孔隙充填方式产出，并呈连生状晶体生长。平面上，浊沸石胶结物仅在部分单井较为发育，包括玛7井、玛009井、玛6井和玛101井。

Con—颗粒接触；F—长石；Lv—火山岩岩屑；M—泥级填隙物；Q—石英

图 3-84　玛北地区下乌尔禾组压实效应显微图版

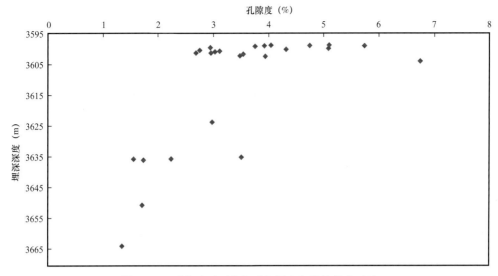

图 3-85 玛北地区下乌尔禾组压实与胶结效应对比

表 3-8 玛北地区下乌尔禾组不同填隙物类型含量表

井区	胶结物含量（%）			
	碳酸盐胶结物	沸石类胶结物	硅质胶结物	黏土矿物胶结物
玛 2 井区	1.15	0.68	0.06	0.13
玛 3 井区和 玛 7 井区	0	2.17	0	0
玛 18 井区	0.55	2.70	0.05	0
玛西 1 井区	0	0	0	0

自生沸石的析出与原始物质组成有关，并受地层孔隙水的化学性质、组分、温度和压力等因素控制。沸石可以形成于不同的环境，如盐碱湖、近地表开放水文系统、土壤、高热流和火山活动区域等。通常沸石形成环境是中性—碱性水，pH 值多为 7～10。浊沸石胶结物晶形大多完好，主要形成于火山物质组分的蚀变过程（图 3-87），在玛 7 井、玛 009 井、玛 6 井和玛 101 井井区，浊沸石胶结效应较强，几乎占据了绝大多数可见孔隙，并在成岩改造的后期，遭受酸性溶蚀，产出胶结物内的次生孔隙。

3）石英（硅质）胶结物

玛北地区下乌尔禾组石英胶结物的发育极为有限，仅在个别样品中少量发育（图 3-88），含量均值仅为 0.05% 左右。石英的胶结作用在成岩序列上主要形成于埋藏的中晚期。

4）黏土矿物胶结物

黏土矿物胶结作用是储层常见的胶结反应之一。X 射线衍射分析所揭示出玛北地区下乌尔禾组发育的黏土矿物有四种主要类型：伊 / 蒙混层、高岭石、绿泥石以及伊利石。

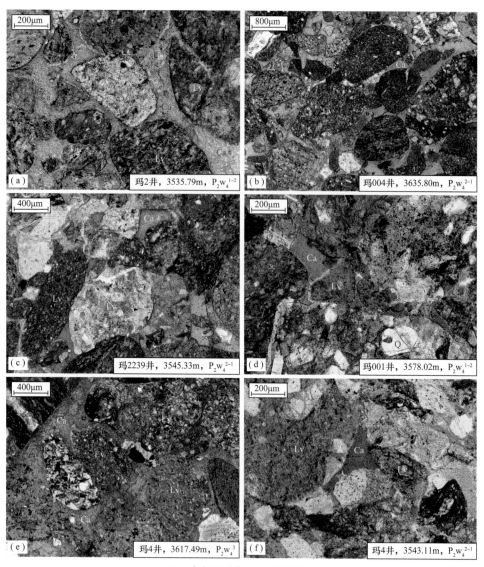

Ca—碳酸盐胶结物；Lv—岩浆岩岩屑

图 3-86　玛北地区下乌尔禾组碳酸盐胶结物显微图版

（1）伊/蒙混层：伊/蒙混层是研究层段中最为常见的黏土矿物，在储层中呈不规则片丝状附着于颗粒表面（图 3-89a、b），主要富集于近物源的玛 2 井区和玛 3 井及玛 7 井一线。

（2）伊利石：伊利石常呈不规则的细小晶片产出，其集合体通常呈颗粒包膜或孔隙衬边形式出现（图 3-89e、f）。层段内伊利石含量较低，主要富集于玛 18 井的研究层段内。

（3）绿泥石：绿泥石是 2∶1 型含水层状铝硅酸盐，在偏光显微镜下多具有淡绿—亮黄的多色性，正低突起，干涉色不高于一级，有的变种呈现靛蓝、褐锈及丁香紫等异常干涉色。常见以单矿物充填孔隙或附着于碎屑颗粒表面，主要富集于玛 101 井区层段内。

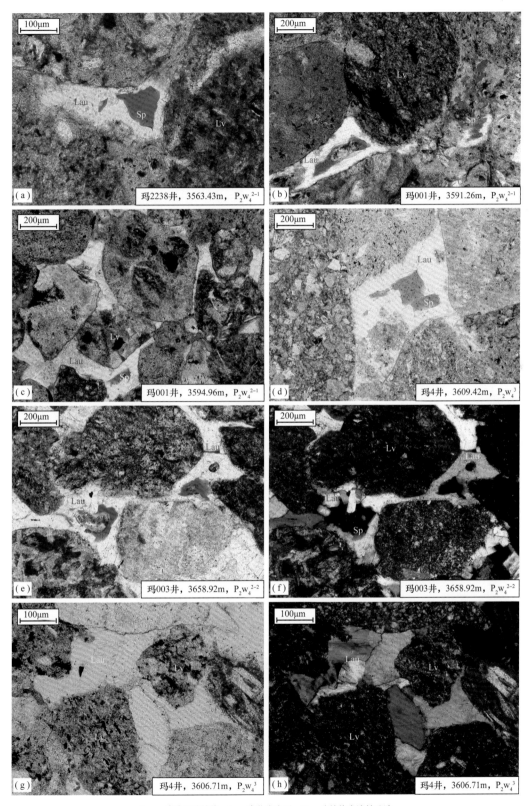

Lau—浊沸石胶结物；Lv—岩浆岩岩屑；Sp—胶结物内溶蚀孔隙

图 3-87　玛北地区下乌尔禾组沸石类胶结物显微图版

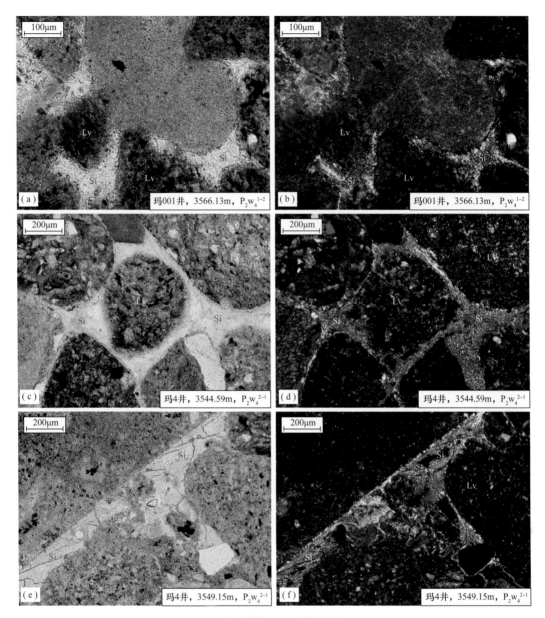

Si—硅质胶结物；Lv—火山岩岩屑

图 3-88 玛北地区下乌尔禾组石英（硅质）胶结物显微图版

（4）高岭石：研究层段内的高岭石含量整体较低，主要从富含 SiO_2 和 Al^{3+} 的循环孔隙水井析出。在镜下高岭石以充填孔隙（主要为次生溶蚀孔隙）的形式产出，表明酸性流体介入储层内所引发的水—岩相互作用。

整体上看，伊/蒙混层矿物分布规律与沉积相展布方向及规模类似，验证了上述伊/蒙混层矿物在不同沉积成因砂体内的分布规律。从平面上来看，距物源较近的扇三角洲平原亚相的砂体内伊/蒙混层含量高，而其相对低值主要分布于距物源较远的扇三角洲前缘亚相的砂体内（图 3-90）。

不同沉积成因砂体内黏土矿物类型有明显的差异，伊/蒙混层矿物富集于以泥石流沉积为代表的扇三角洲平原沉积区域（均值为 73.8%），而在水下分流河道砂体内含量相对较低（均值为 68.1%）（图 3-91）。

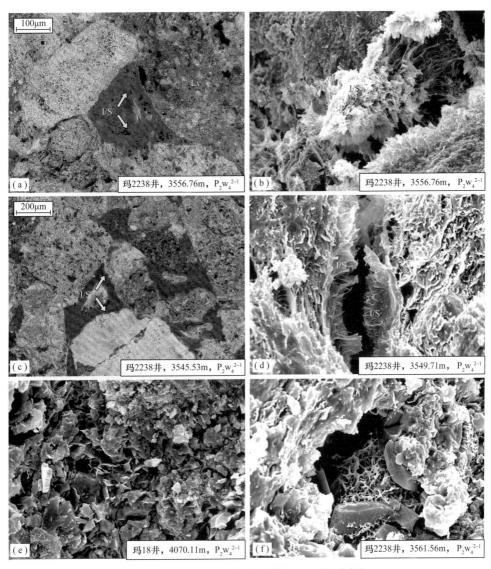

I/S—伊/蒙混层胶结物；I—伊利石胶结物；Lv—火山岩岩屑

图 3-89　玛北地区下乌尔禾组黏土矿物胶结效应显微图版

3. 溶解作用

玛北地区下乌尔禾组溶蚀改造较为常见，主要针对骨架组分（包括砂质组分和砾石组分）进行的溶蚀改造。

骨架组分的溶蚀作用主要涉及岩屑颗粒和砾石组分等化学不稳定颗粒，产生铸模溶孔、网状溶孔、粒内溶孔及粒缘溶孔，骨架颗粒不同溶蚀程度均可以见到，其主要驱动机制为下伏烃源岩热解所产生的大量有机酸经输导体系向储层的充注，在酸性流体介质下填隙物内不稳定矿物成分发生溶蚀（图 3-92）。

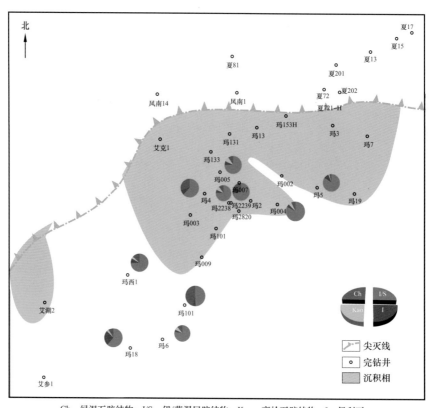

Ch—绿泥石胶结物；I/S—伊/蒙混层胶结物；Kao—高岭石胶结物；I—伊利石

图 3-90　玛北地区下乌尔禾组（$P_2w_4^{2-1}$）黏土矿物相对含量平面分布图

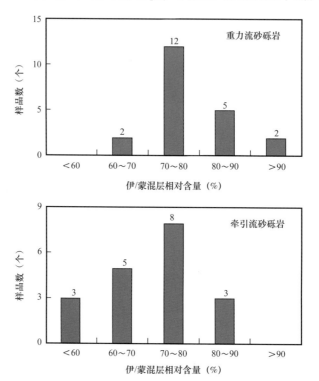

图 3-91　玛北地区下乌尔禾组伊/蒙混层矿物相对含量柱状图

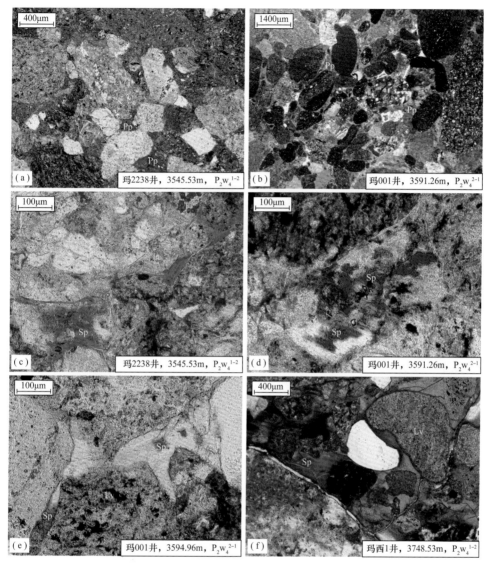

Pp—原生粒间孔；Sp—次生溶孔；Lv—岩浆岩岩屑

图 3-92 玛北地区下乌尔禾组储集空间类型显微图版

4. 关键成岩改造序列

玛北地区下乌尔禾组沉积时期湖泊为微咸水体环境，造成早成岩阶段水介质偏碱性。根据现行石油行业标准（SY/T 5477—2003），综合判定研究层段成岩阶段处于中成岩 A 期末。沉积初始阶段孔隙度，经过一系列成岩改造，保持现今 7% 左右。经历了 3 期孔隙演化阶段（图 3-93）：

第一期，自沉降起始阶段至早成岩 B 期中后阶段，研究层段在强烈的压实作用和硅质、沸石类及方解石胶结作用下，原生孔隙发生急剧下降，从 30% 初始孔隙度降至 8%；

第二期，自早成岩 B 期中后阶段至中成岩阶段 A 期的中间阶段，研究层段内发生规模酸性介质介入后的溶蚀改造，主要针对广泛发育的火山岩岩屑及沸石类胶结物，形成酸性溶孔，促进层段内次生孔隙广泛产出，但溶蚀改造所带来的实质性面孔率的增幅并不明显，整体孔隙度也仅由第一期末的 8% 增加至 12%；

第三期，自中成岩阶段 A 期中间阶段至今，由于埋深的进一步增加，储层孔隙度进一步降低，油气的充注使得储层孔隙度降低幅度明显减缓，继而保持现今 7% 的状态。

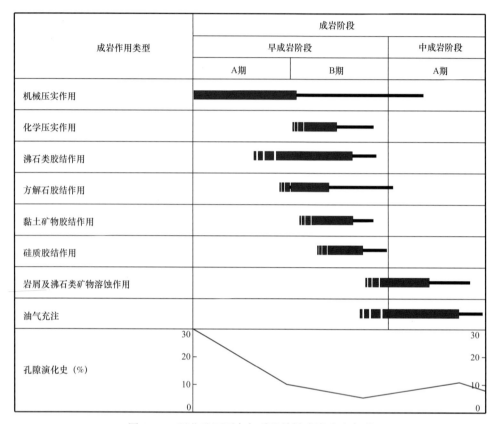

图 3-93　玛北地区下乌尔禾组关键成岩改造序列

第五节　储层综合评价及优质储层分布

一、储层综合评价标准

1. 三叠系百口泉组

综合考虑沉积成因机制、岩石学特征、沉积微相类型、孔渗性能、孔隙结构特征、电测响应特征及含油性特征（图 3-94），结合试油试采生产资料等指标，对玛北地区百口泉组油藏储层进行了综合评价分类（表 3-9），并建立相应的识别模式（图 3-95）。

水下分流河道及扇面河道微相内发育的牵引流砂砾岩是研究区最有利的储层，泥石流微相及碎屑流微相内发育的重力流砂砾岩是差储层，而漫流微相及支流间湾微相内发育的泥岩、粉砂质泥岩为非储层。

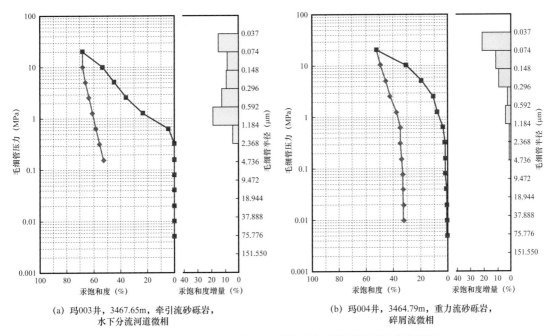

(a) 玛003井，3467.65m，牵引流砂砾岩，
水下分流河道微相

(b) 玛004井，3464.79m，重力流砂砾岩，
碎屑流微相

图 3-94 玛北地区百口泉组不同成因砂砾岩间的压汞曲线特征

表 3-9 玛北地区百口泉组储层综合评价分级表

分类指标	Ⅰ类储层（优质储层）	Ⅱ类储层（一般储层）	Ⅲ类储层（差储层）
微相类型	水下分流河道、扇面河道	扇面河道	泥石流、碎屑流
岩心岩性	（低杂基含量）牵引流砂砾岩、含砾砂岩、砂岩	（中高杂基含量）牵引流砂砾岩	重力流砂砾岩
孔隙度	多在8%～12%	多在5%～12%	多在5%～8%
渗透率	多在0.1～1mD	多在0.1～1mD	多在0.1～1mD
孔隙结构	孔喉分选性好、孔喉半径较大	孔喉分选性一般、孔喉半径较小	孔喉分选性极差、孔喉半径小
岩心含油性	富含油—油斑	油斑—荧光	荧光—不含油

2. 二叠系下乌尔禾组

以扇三角洲相为代表的砂砾岩储层，包含了两种不同沉积成因类型。以玛北地区扇三角洲相砂砾岩储层为例，发育在泥石流微相和碎屑流微相内的砂砾岩属于重力流成因，岩心特征显示其分选极差、磨圆度差、块状层理；发育以水下分流河道微相为代表的砂砾岩属于牵引流成因，岩心特征显示其分选性好、磨圆度高，发育各类牵引流成因的交错层理、平行层理、正粒序等沉积构造；而扇面河道微相则处于前两者的过渡状态，属于重力流初始沉积环境下的牵引流改造沉积体，分选、磨圆及结构成熟度（主要为杂基含量）均介于泥石流微相和水下分流河道微相之间（图3-96）。

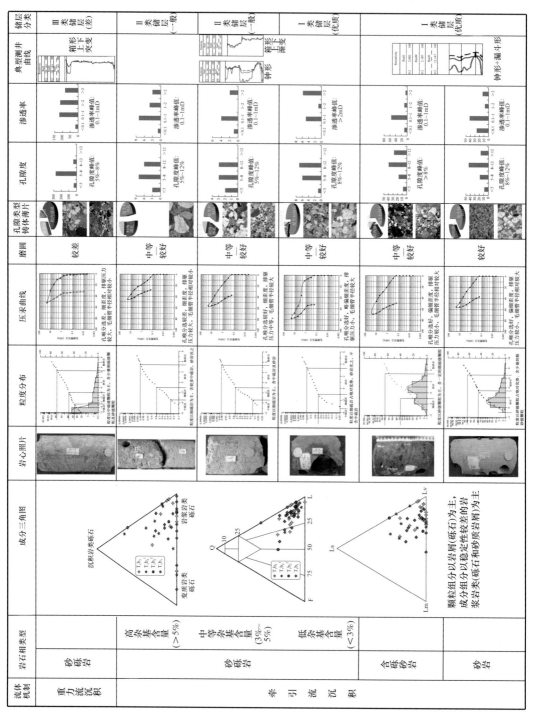

图 3-95 玛北地区百口泉组储层分类识别模式图

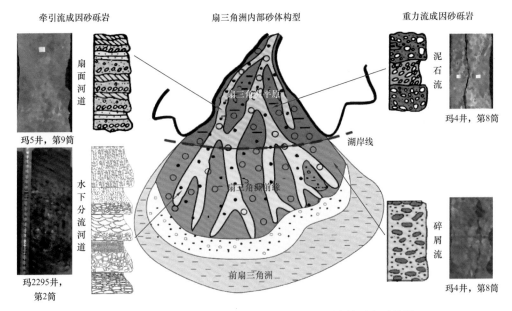

牵引流成因砂砾岩　　　　扇三角洲内部砂体构型　　　　重力流成因砂砾岩

扇面河道

玛5井，第9筒

水下分流河道

玛2295井，
第2筒

扇三角洲平原

湖岸线

扇三角洲前缘

前扇三角洲

泥石流

玛4井，第8筒

碎屑流

玛4井，第8筒

图 3-96　玛北地区下乌尔禾组扇三角洲相砂砾岩储层成因分类

综合考虑沉积成因机制、岩石学特征、沉积微相类型、孔渗性能、孔隙结构特征、电测响应特征及含油性特征，结合试油试采生产资料等指标，对玛北地区下乌尔禾组储层进行了综合评价分类（图 3-97、表 3-10）。

水下分流河道微相内发育的低杂基含量牵引流砂砾岩是研究区最有利的储层（Ⅰ类），扇面河道微相内发育的高杂基含量牵引流砂砾岩，河口沙坝及远沙坝微相内发育的含砾砂岩和砂岩同属中等级别储层（Ⅱ类储层），泥石流微相及碎屑流微相内发育的重力流砂砾岩是差储层（Ⅲ类储层），而漫流微相及支流间湾微相内发育的泥岩和粉砂质泥岩为非储层。并基于以上划分方案，建立了研究层段不同岩石相的成因模式图。

表 3-10　玛北地区下乌尔禾组储层综合评价分级表

分类指标	Ⅰ类储层 （优质储层）	Ⅱ类储层 （一般储层）	Ⅲ类储层 （差储层）
微相类型	水下分流河道、扇面河道	扇面河道、河口沙坝、远沙坝	泥石流、碎屑流
岩心岩性	（低杂基含量）牵引流砂砾岩	（中高杂基含量）牵引流砂砾岩、含砾砂岩、砂岩	重力流砂砾岩
孔隙度	多在 5%～12%	多在 5%～8%	多在 5% 以下
渗透率	多在 3mD 以上	多在 0.1～1mD	多在 0.1～1mD
孔隙结构	孔喉分选性好、孔喉半径较大	孔喉分选性一般、孔喉半径较小	孔喉分选性极差、孔喉半径小
岩心含油性	富含油—油斑	油斑—荧光	荧光—不含油

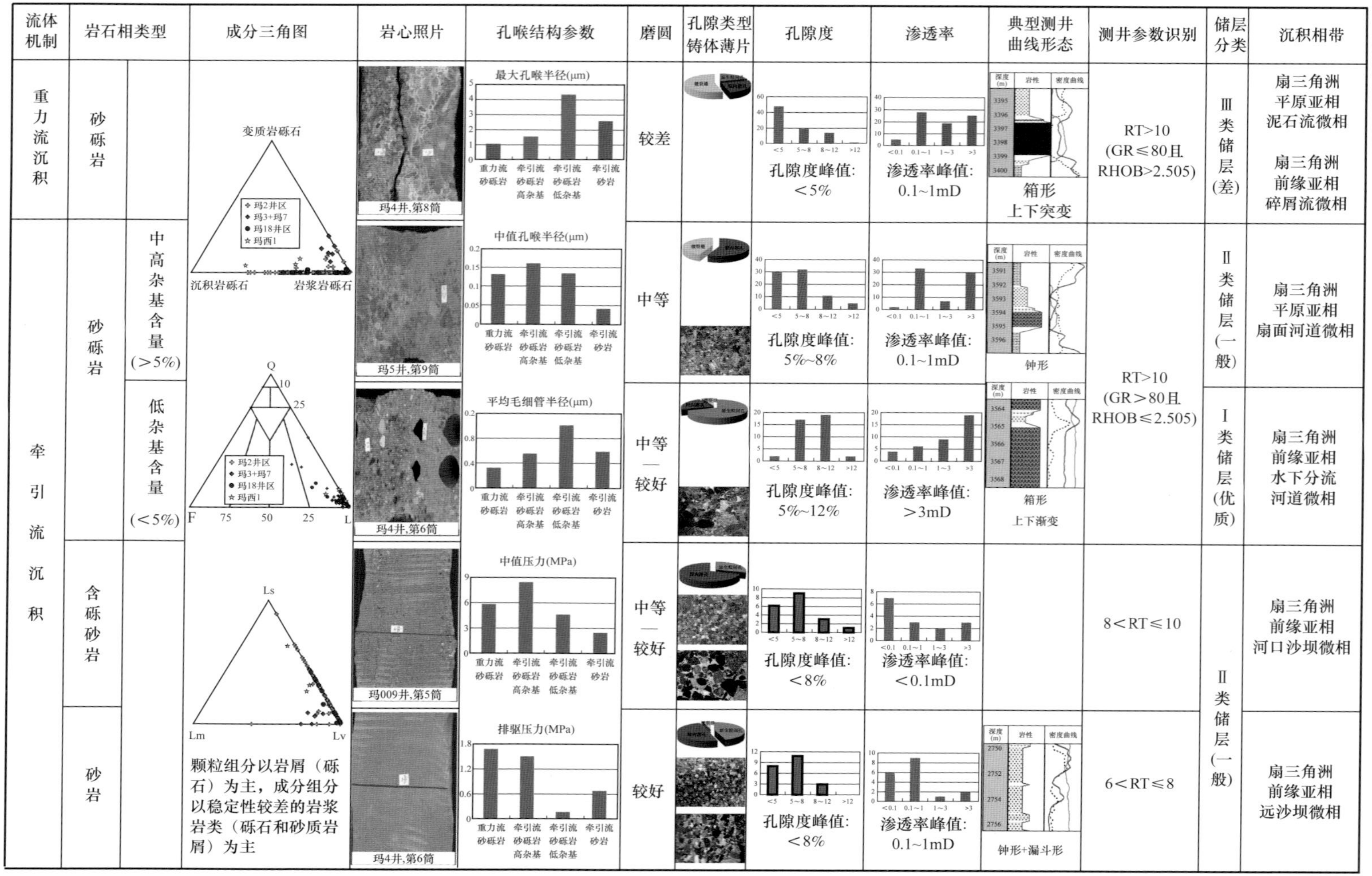
流体机制
岩石相类型
成分三角图
岩心照片
孔喉结构参数
磨圆
孔隙类型铸体薄片
孔隙度
渗透率
典型测井曲线形态
测井参数识别
储层分类
沉积相带
重力流沉积
砂砾岩
变质岩砾石
沉积岩砾石
岩浆岩砾石
玛2井区
玛3+玛7
玛18井区
玛西1
玛4井,第8筒
最大孔喉半径(μm)
重力流砂砾岩
牵引流砂砾岩高杂基
牵引流砂砾岩低杂基
牵引流砂岩
较差
孔隙度峰值:＜5%
渗透率峰值:0.1~1mD
箱形
上下突变
RT>10
(GR≤80且RHOB>2.505)
Ⅲ类储层(差)
扇三角洲平原亚相泥石流微相
扇三角洲前缘亚相碎屑流微相
牵引流沉积
砂砾岩
中高杂基含量(＞5%)
玛5井,第9筒
中值孔喉半径(μm)
中等
孔隙度峰值:5%~8%
渗透率峰值:0.1~1mD
钟形
RT>10
(GR＞80且RHOB≤2.505)
Ⅱ类储层(一般)
扇三角洲平原亚相扇面河道微相
低杂基含量(＜5%)
Q
F
L
玛4井,第6筒
平均毛细管半径(μm)
中等—较好
孔隙度峰值:5%~12%
渗透率峰值:＞3mD
箱形
上下渐变
Ⅰ类储层(优质)
扇三角洲前缘亚相水下分流河道微相
含砾砂岩
Ls
Lm
Lv
玛009井,第5筒
中值压力(MPa)
中等—较好
孔隙度峰值:＜8%
渗透率峰值:＜0.1mD
8＜RT≤10
Ⅱ类储层(一般)
扇三角洲前缘亚相河口沙坝微相
砂岩
颗粒组分以岩屑（砾石）为主，成分组分以稳定性较差的岩浆岩类（砾石和砂质岩屑）为主
玛4井,第6筒
排驱压力(MPa)
较好
孔隙度峰值:＜8%
渗透率峰值:0.1~1mD
钟形+漏斗形
6＜RT≤8
扇三角洲前缘亚相远沙坝微相

图3-97　玛北地区下乌尔禾组扇三角洲相砂砾岩储层综合分类图版

二、优质储层平面分布

1. 玛西地区三叠系百口泉组

鉴于玛18井和艾湖1井良好的油气显示与产能，在横向上对百口泉组三个不同亚段进行地层对比，结合试油数据进行综合分析知，百一段中部为产能极好的颗粒流沉积砂质细砾岩等优质储层集中发育段，加和厚度15.0m以上。以指示颗粒流沉积环境的浅湖沉积进行横向对比，可将该时期优质储层在横向分布进行对比。在百一段玛18井发育了20.2m颗粒流沉积砂质细砾岩和4.9m水下河道沉积，优质储层总厚度为25.1m；艾湖1井发育10.4m水下河道沉积和5.1m颗粒流沉积，优质储层总厚度为15.5m。

与艾湖1井相比，玛18井在百一段颗粒流沉积明显大量发育，因玛18井更靠近主干河道位置。玛西地区坡折带上受洪水等因素诱发再次搬运的沉积物，在主干河道内不断沉积，并夹少量保存下来的薄层水下河道沉积物，形成了较厚的优质储集体。颗粒流为在水下河道内向前推进的事件沉积，单一期次颗粒流沉积体横向展布范围仅为当时水下河道宽度，因而颗粒流沉积体横向展布范围有限；而水下河道为扇三角洲不间断沉积的正常沉积物，并具有一定的侧向侵蚀能力，横向展布范围较颗粒流沉积体大（图3-98）。

以上分析表明，玛西地区坡折带以下百口泉组优质储层大量分布，优质储层的发育受沉积微相控制，在主干河道位置更为富集，水下河道沉积体横向可对比性好于颗粒流沉积体。

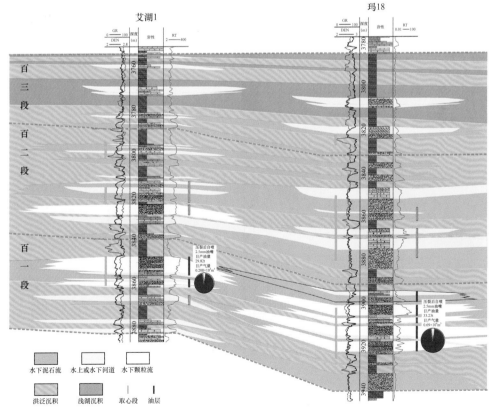

图3-98　艾湖1井—玛18井连井剖面图

2. 玛北地区三叠系百口泉组

玛北地区三叠系百口泉组牵引流砂砾岩也是有利的储集岩相类型，结合沉积微相平面分布图及试油成果，在平面上开展有利储层预测。

1）T_1b_1 沉积时期

由于扇三角洲平原亚相分布面积大，而扇三角洲平原以泥石流微相占主要地位，因此，研究区整体以Ⅲ类储层为主，在Ⅲ类储层分布区，零星分布一些Ⅱ类储层及非储层，分别对应于扇面河道微相和漫流微相；Ⅰ类储层分布范围小，仅局限在扇体前缘，而在扇体之间为泥岩，属于非储层（图 3-99a）。

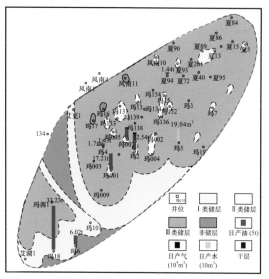

(a) T_1b_1 有利储层平面分布图

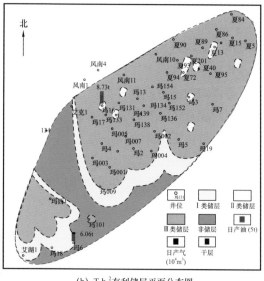

(b) $T_1b_2^2$ 有利储层平面分布图

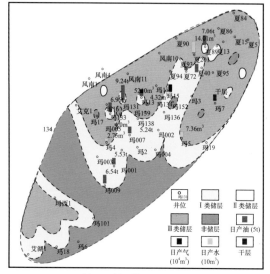

(c) $T_1b_2^1$ 有利储层平面分布图

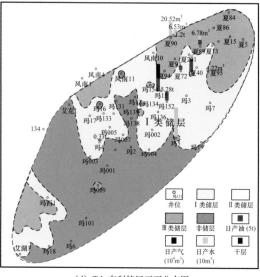

(d) T_1b_3 有利储层平面分布图

图 3-99　玛北地区百口泉组有利储层平面预测图

2）$T_1b_2{}^2$ 沉积时期

由于湖平面开始上升，扇三角洲平原亚相面积有所减小，但整体仍以扇三角洲平原为主，因而研究区仍整体以Ⅲ类储层为主，在Ⅲ类储层分布区，零星分布一些Ⅱ类储层，对应于扇面河道微相；Ⅰ类储层分布范围小，仅局限在扇体前缘，在扇体之间为泥岩，属于非储层（图3-99b）。

3）$T_1b_2{}^1$ 沉积时期

由于湖平面进一步上升，扇三角洲平原亚相面积大幅减小，整体以扇三角洲前缘为主，因而研究区整体以Ⅰ类储层为主，Ⅲ类储层分布在西北及东北靠近物源的地区，对应于泥石流和碎屑流微相；在Ⅰ类储层和Ⅱ类储层分布区，零星分布一些非储层，对应于支流间湾泥和漫流微相，在扇体之间为泥岩，属于非储层。显然，此时非储层的分布范围明显增大（图3-99c）。

4）T_1b_3 沉积时期

由于湖平面进一步上升，研究区全部进入扇三角洲前缘环境，碎屑流微相仅局部分布在西北及东北靠近物源的地区，属于Ⅲ类储层；研究区整体以水下分流河道微相为主，属于Ⅰ类储层；在扇体之间为支流间湾泥及前三角洲泥岩，属于非储层。显然，此时非储层的分布范围进一步增大（图3-99d）。

3. 玛北地区二叠系下乌尔禾组

1）$P_2w_4{}^3$ 沉积时期

由于扇三角洲的平原亚相分布范围大，而平原亚相内以泥石流微相占主要地位，因此，研究区整体以Ⅱ类储层为主。Ⅰ类储层分布范围在三大扇体前缘带，而在扇体之间为泥岩，属于非储层（图3-100a）。

2）$P_2w_4{}^{2-2}$ 沉积时期

由于湖平面抬升，扇三角洲平原亚相范围有所缩小，但仍然以扇三角洲平原为主，研究区整体以Ⅱ类储层为主，Ⅱ类储层分布区内零星分布一些Ⅰ类储层，对应于扇面河道微相；Ⅰ类储层分布范围变小，在三大扇体前缘，Ⅰ类储层分布区内分布有微量的Ⅲ类储层。扇体之间为泥岩，属于非储层（图3-100b）。

3）$P_2w_4{}^{2-1}$ 沉积时期

湖平面又出现下降，扇三角洲平原范围变大，研究区整体以Ⅱ类储层为主，Ⅱ类储层分布区内零星分布一些Ⅰ类储层，对应于扇面河道微相；Ⅰ类储层分布范围变大，在三大扇体前缘；扇体之间为泥岩，属于非储层（图3-100c）。

4）$P_2w_4{}^{1-2}$ 沉积时期

湖平面再次上升，扇三角洲平原面积再次缩小，研究区整体以Ⅱ类储层为主，Ⅱ类储层分布区零星分布一些Ⅰ类储层；Ⅰ类储层分布在三大扇体前缘；扇体之间为泥岩，属于非储层。此时非储层分布范围明显开始增大（图3-100d）。

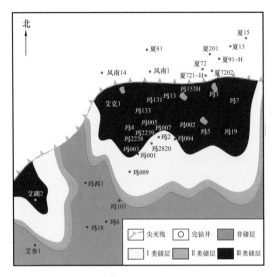

(a) $P_2w_4^3$ 有利储层平面分布图

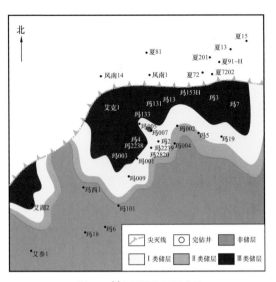

(b) $P_2w_4^{2-2}$ 有利储层平面分布图

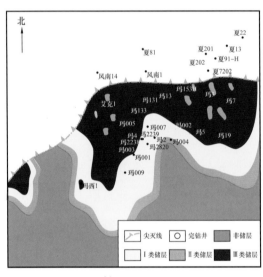

(c) $P_2w_4^{2-1}$ 有利储层平面分布图

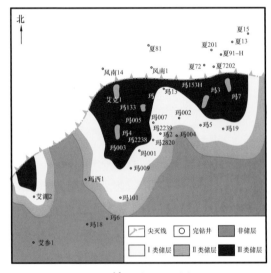

(d) $P_2w_4^{1-2}$ 有利储层平面分布图

图 3-100　玛北地区下乌尔禾组有利储层平面预测图

第四章　玛湖凹陷三叠系百口泉组的砾岩储层敏感性及其控制因素

第一节　储层敏感性及关键控制要素特征

一、储层敏感性总体特征

在油气开采过程中，由于外来流体的侵入及开采过程中流体性质和流动状态的改变等，可不同程度地引起油层产能改善或者损害，导致产量上升或下降，称为储层敏感性。储层敏感性受黏土矿物、储层物性、成岩作用、注入流体等多方面影响。

对玛西地区玛18井、玛西1井、玛湖4井等4口井10个样品分别进行了水敏性（7块）、水速敏性（9块）、盐敏性（7块）、酸敏性（8块）、压敏性（3块）流动实验，并依据国家石油天然气行业标准（SY/T 5358 2010）对各样品实验结果进行了敏感性评价（表4-1）。结果表明，百口泉组整体储层敏感性并不强，但因储层非均质性强，个别层段表现出较强的储层敏感性。整体而言，百口泉组储层盐敏性弱至中等偏弱，酸敏性为中等偏弱，水敏性、水速敏性和压敏性相对较强，对储层伤害较大，是本章重点讨论内容。

表4-1　玛西地区百口泉组砂砾岩储层敏感性特征

井号	井深（m）	层位	岩石名称	盐敏	水速敏	水敏	酸敏	压敏
玛西1	3560.49	T_1b_3	砂质细砾岩	中等偏弱	强	中等偏弱	无	—
玛西1	3587.39	$T_1b_2^1$	泥质中砾岩	弱	无	中等偏弱	弱	—
玛18	3904.31	T_1b_1	灰色砂砾岩	弱	弱	-	中等偏弱	强
玛18	3920.29	T_1b_1	灰色砂砾岩	无	弱	—	弱	强
玛18	3903.68	T_1b_1	砂质细砾岩	无	中等偏弱	中等偏强	无	
玛18	3867.93	$T_1b_2^2$	灰色砂砾岩	中等偏弱	弱	中等偏强	无	
玛18	3872.56	$T_1b_2^2$	含砂中砾岩	无	弱	—	中等偏弱	强
玛湖4	3298.69	T_1b_2	细砾质粗砂岩	—	中等偏弱	中等偏弱	中等偏弱	
玛湖4	3332.34	T_1b_1	灰黑色细砾岩	—	强	中等偏强	中等偏弱	
艾湖1	3847.6	T_1b_1	灰色砂砾岩	—	—	中等偏强	—	

目前储层敏感性研究存在两个主要问题：（1）所进行的研究多是针对中高渗储层，对低渗乃至致密储层敏感性研究极少，与一般储层相比，低渗 / 超低渗储层非均质性强，孔喉微小，孔隙结构复杂，物性较差，更容易遭受敏感性影响；（2）敏感性控制因素分析多涵盖黏土矿物、物性、成岩作用等多个方面，其中黏土矿物特征是储层伤害的最主要原因。因此，对其特征精细剖析及其对敏感性影响的研究意义尤为重要。

以储层敏感性流动实验为基础，结合 X 射线衍射、扫描电镜、电子探针背散射、铸体薄片等方法，在玛西地区百口泉组砂砾岩低渗储层黏土矿物特征、分布研究的基础上，结合不同微相砂砾岩孔喉结构特征，对砂砾岩储层敏感性的影响进行分析和研究。

二、关键控制要素特征

1. 黏土矿物特征

1）黏土矿物类型与产状

黏土矿物产状对稳定性有很大影响，同时其在孔喉内的分布位置也在一定程度上影响着黏土矿物膨胀及分散运移后对储层渗透性的损害。

扫描电镜、电子探针背散射与铸体薄片显示，玛西地区百口泉组不同沉积岩石类型黏土矿物总含量差异显著。颗粒流沉积与水下河道沉积黏土总含量较低，浊流沉积次之，泥石流沉积较高。百口泉组砂砾岩黏土矿物类型为：高岭石、绿泥石、伊利石和伊 / 蒙混层。四类黏土矿物类型在孔喉内的分布位置无明显差异，但表现出明显不同的产状特征，这也影响着各类矿物对储层敏感性影响的差异。

高岭石是长石和其他硅酸盐矿物天然蚀变的产物，其晶形发育良好，晶径数微米，无任何的磨损和挤压变形，多呈书页状、叠片状充填于长石次生孔或粒间孔隙，也有少量呈散片分布于长石颗粒表面或粒间孔隙（图 4-1）。高岭石对碎屑颗粒的附着力及高岭石间的结合力都很弱，在外来流体的冲击作用下极易发生分散运移，堵塞或分割孔喉，是储层速敏伤害的主要因素。此外，高岭石也易与碱性流体作用，产生沉淀，导致储层渗透率下降。

(a) 玛16井，T₁b₂，3213.77m，灰色含砾细砂岩   (b) 艾湖4井，T₁b₃，2881.54m，含泥含砂中砾岩

图 4-1　玛西地区百口泉组砂砾岩高岭石特征

绿泥石主要呈针叶状充填在孔隙中或贴附于颗粒表面（图 4-2），部分呈绒球状存在，在孔隙中的胶结方式为孔隙衬垫充填，并且多见石英、伊利石共生。针叶状绿泥石多呈孔隙衬垫胶结贴附于颗粒表面，少量充填于粒间孔道，而绒球状绿泥石仅在颗粒表面有少量发现。绿泥石可由黑云母、角闪石、蒙脱石等矿物转化而来，生长于自生石英表面的针叶状绿泥石为自生矿物。自生绿泥石一般富含高价铁离子，与盐酸等酸液作用易产生氢氧化铁胶体沉淀，导致储层渗透率下降，是储层酸敏性因素之一。

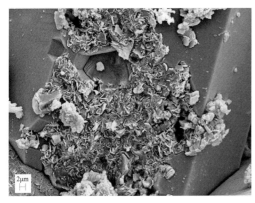

图 4-2　玛西地区百口泉组砂砾岩绿泥石特征

伊利石主要呈丝发状、定向片状及絮状等产状贴附于颗粒表面或充填于粒间孔隙，部分伊利石在孔隙内形成黏土搭桥结构（图 4-3）。尽管百一段颗粒流沉积砂质细砾岩中发育绕颗粒边缘分布的定向片状伊利石，成岩过程中因有序度增加和失水，伊利石片状晶体间常形成收缩缝，但多数定向片状及絮状伊利石在孔隙中交替分布将原始孔隙分割成大量微细孔隙，增加了孔喉迂曲度，极大地降低了储层渗透率。丝发状伊利石在外来流体的冲击作用下容易被冲断带走，堵塞孔隙和喉道，降低渗透率，因此伊利石是水速敏性的重要因素。此外，伊利石遇到低矿化度流体后也会发生一定程度的水化膨胀，缩小或堵塞孔喉，导致储层发生水敏、盐敏伤害。

伊/蒙混层是最常见的黏土矿物混合类型，是蒙皂石向伊利石过渡的产物，兼具蒙皂石和伊利石的储层特点，也是玛西地区百口泉组最常见的黏土矿物类型，多呈棉絮状、蜂窝状、半蜂窝状等产状贴附于颗粒表面或充填于孔隙之中（图 4-4），吸水性较强，从而导致黏土矿物水化膨胀，堵塞孔喉降低储层渗透率，是储层水敏性影响因素之一。

2）黏土矿物含量及分布规律

尽管砾石为砂砾岩的重要组成部分，但砾石对砂砾岩物性的影响有限，砾石间填隙物基本控制了砂砾岩渗流能力和敏感性。故在分析砂砾岩物性与储层敏感性时应着重分析砾石间填隙物特征。

甄选玛 18 井、艾湖 1 井、玛湖 4 井等 6 口井 64 个样品，挑出其中砾石，经 2mm 孔径筛选剩余砾石间填隙物，然后从颗粒间填隙物中提取黏土矿物，并滴取自然片。实验流程为：（1）将岩石轻敲击碎至黄豆大小的颗粒，挑出其中砾石，仅剩下砾石间填隙物；（2）用 1mol/L 的醋酸泡样品 24h，以除去填隙物中方解石；（3）10% 双氧水浸泡 24h，以除去填隙物中烃类等有机质；（4）将上层清液倒掉，加入蒸馏水后超声波，时长 10min，频率 80Hz；（5）离心机分离，转速 5000r/min，离心时间 20min，离心后倒出上层清液，再加入蒸馏水搅拌后进行离心，重复 3 次；（6）加蒸馏水，重复步骤（4），然后离心机分离，离心时间 2min，转速 1000r/min，离心后取上层浊液倒入另一个离心杯中；（7）将上层浊液再次离心机分离，转速 5000r/min，离心时间 30min，倒出上层清液即可，离心杯中剩下的即是黏土；（8）滴制自然片。

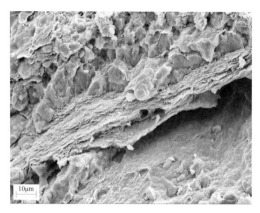 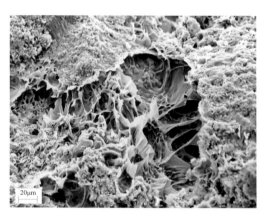

(a) 玛湖4井，3335.08m，定向片状伊利石   (b) 玛133井，3301.57m，粒间孔中搭桥式的片状伊利石

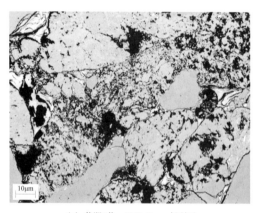 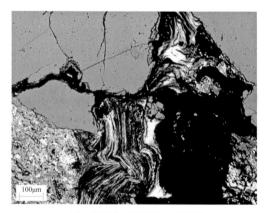

(c) 艾湖1井，3855.40m，伊利石   (d) 艾湖1井，3849.80m，伊利石

图 4-3　玛西地区百口泉组砂砾岩伊利石特征

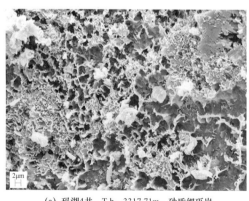 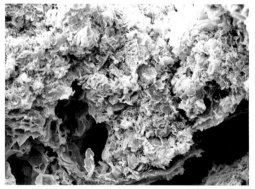

(a) 玛湖4井，T_1b，3317.71m，砂质细砾岩   (b) 玛18井，T_1b_1，3914.97m，砂质细砾岩

图 4-4　玛西地区百口泉组砂砾岩伊/蒙混层特征

在制好自然片后，利用粉末X射线衍射技术分析了典型样品中提纯的黏土矿物成分，实验在日本理学D/Max-RA型转靶X射线衍射仪上进行，工作条件：Cu靶、工作电压40kV、电流50mA（定性分析）、石墨单色器、散射狭缝1°、接收狭缝0.3mm、步进扫描、预置时间0.1s、步幅0.02°/步。将分析结果与标准图谱进行对比发现，岩心及镜下所观测到的皆为典型的高岭石、伊利石和绿泥石等黏土矿物。

对上述样品的黏土矿物进行了分析，结果表明玛西地区百口泉组砂砾岩黏土矿物含量偏多，绝对总量范围为5.9%～28.0%，平均值为17.4%，主要由绿泥石（C）、伊利石（I）、高岭石（K）和伊/蒙混层（I/S）4种矿物组成。其中，伊/蒙混层含量最多，相对含量均值为54.4%，伊利石次之，相对含量均值为17.3%；高岭石和绿泥石较少，相对含量均值为14.2%和15.1%。

玛西地区百口泉组砂砾岩黏土矿物垂向总体分布规律并不显著，但不同岩石类型则可见明显的分布规律。以玛18井黏土矿物垂向变化为例，随埋深增加，总体上4种黏土矿物相对含量并有显著的变化。这说明随埋深增大，百口泉组砂砾岩中伊/蒙混层、绿泥石、高岭石等矿物并没有大规模向更稳定的伊利石等矿物转化。因为准噶尔盆地为相对冷的盆地，平均地温梯度仅为2.26℃/100m，盆地西北缘地温梯度更低，玛西地区地温梯度取2.3℃/100m，地表温度20℃，玛18井底地温约110℃，低于高岭石向伊利石大规模转化温度120～140℃。

然而，垂向上不同沉积岩石类型的高岭石分布具有一定的规律。泥石流沉积含泥含砂砾岩高岭石相对含量均值为13.6%，水下河道沉积砂岩和颗粒流沉积砂质细砾岩分别为10.3%和10.4%，浅湖沉积泥岩和洪泛沉积泥岩为2.0%。可见，水下泥石流沉积含泥含砂砾岩高岭石含量较高；原始沉积高岭石含量极低，高岭石为后期成岩过程中长石溶解伴生产物。玛18井百一段和百二段取心段间隔21.4m，测井资料显示，取心间隔段发育了9.8m的泥岩段，因而可以认为百一段和百二段为两个相互独立的成岩体系。对比百一段和百二段高岭石相对含量可见，在相对独立的成岩体系内的顶部附近或者在相对独立的成岩体系内局部低渗透层段附近位置高岭石相对富集（图4-5）。

因烃类等酸性成岩流体的运移是长石溶蚀的基础，原始物性好的砂岩层段为流体运移的优势通道，高岭石在附近物性差的层段局部富集，原始物性好的层段仅在颗粒周缘残留泥膜和少量高岭石，物性变地更好，如百一段颗粒流沉积砂质细砾岩。

2. 储层孔喉结构特征

由孔隙与喉道变形理论可知，砂岩受压缩时，最先被压缩的是喉道，而非孔隙。在岩石未受压时，岩石中的孔隙与喉道并存。当加压时，岩石中的喉道首先闭合，而孔隙基本不闭合，随有效压力加大，未闭合的喉道数越来越少，且多为不易闭合的喉道，致使岩石受压后压缩量减小，所以渗透率下降趋势逐渐减缓。因此，研究储层敏感性有必要细致分析储层孔喉结构特征。因百口泉组不同沉积微相类型与不同岩石结构相对应，不同微相物性差异显著，故以下分沉积微相对不同类型砂砾岩进行孔喉特征分析。

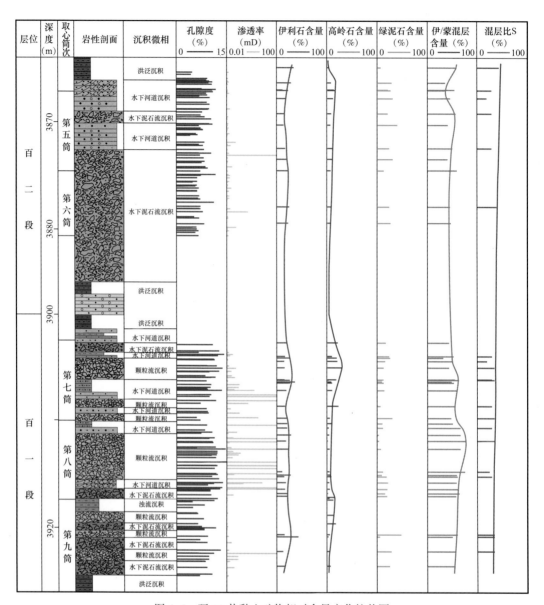

图 4-5　玛 18 井黏土矿物相对含量变化柱状图

　　水下泥石流沉积含泥含砂砾岩饱和度中值压力 7.9～18.6MPa，饱和度中值半径 0.04～0.1μm，最大孔喉半径 0.28～2.77μm，平均孔喉半径分布为 0.1～0.76μm，分布分散，其中最大孔喉半径均值为 0.98μm。压汞曲线呈陡坡形，显示泥石流沉积砾岩分选差（图 4-6）。

　　颗粒流沉积砂质细砾岩饱和度中值压力 1.04～9.76MPa，饱和度中值半径 0.07～0.71μm，最大孔喉半径 2.3～17.74μm，平均孔喉半径分布为 0.55～5.27μm，其中最大孔喉半径均值为 8.74μm（图 4-7）。

　　水下河道沉积砂质细砾岩饱和度中值压力 0.65～8.06MPa，饱和度中值半径 0.1～1.13μm，最大孔喉半径 1.03～17.12μm，平均孔喉半径分布为 0.23～4.89μm，其中最大孔喉半径均值为 4.70μm。压汞曲线呈缓坡形，显示水下河道砂岩较好的分选（图 4-8）。

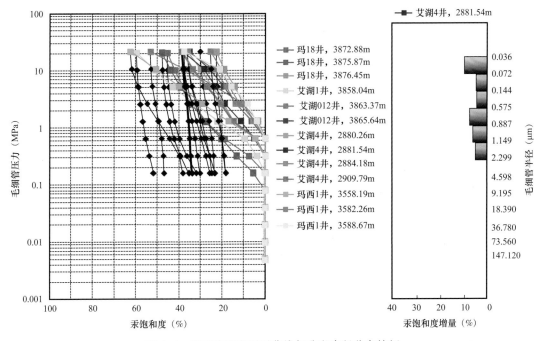

图 4-6 泥石流沉积压汞曲线与孔喉半径分布特征

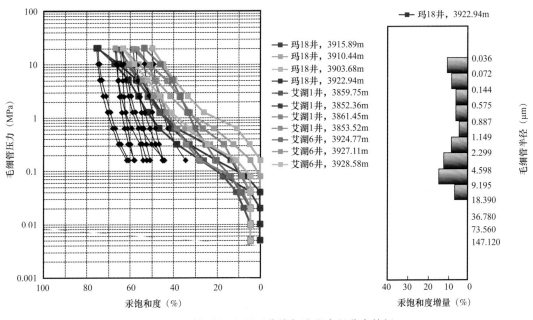

图 4-7 颗粒流沉积压汞曲线与孔喉半径分布特征

河道滞留沉积含细砾砂岩、砂质砾岩饱和度中值压力 11.62～12.64MPa, 饱和度中值半径 0.06～1.06μm, 最大孔喉半径为 1.23～2.59μm, 平均孔喉半径分布为 0.28～0.62μm, 其中最大孔喉半径均值为 1.83μm。压汞曲线呈陡坡形, 显示河道滞留沉积分选差（图 4-9）。

经压汞分析, 对 127 块不同沉积微相沉积物最大孔喉半径统计分析可见, 水下泥石流沉积集中于 0.5～3.0μm，颗粒流沉积集中于 4.0～6.0μm 和 9.5～12.0μm；水下河道最大孔喉半径较分散，最大至 8.7μm；河道滞留沉积集中于 0.7～3.0μm。水下河道沉积和颗粒流沉积最大孔喉半径较大，有大于 6.0μm 孔喉分布（图 4-10）。

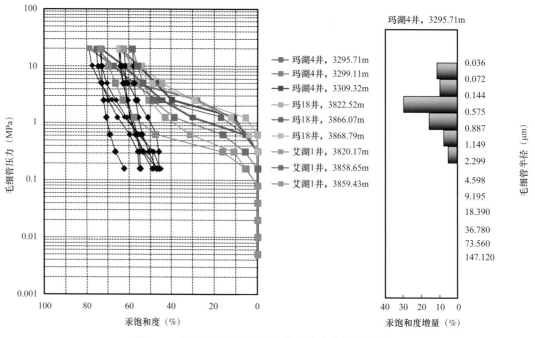

图 4-8　水下河道沉积压汞曲线与孔喉半径分布特征

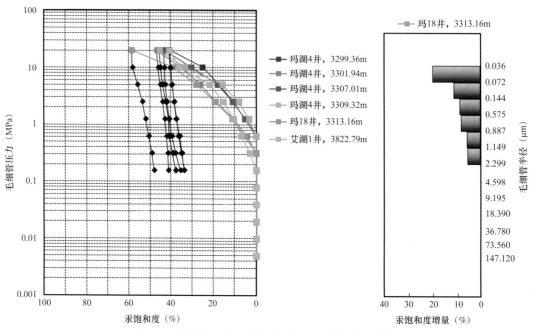

图 4-9　河道滞留沉积压汞曲线与孔喉半径分布特征

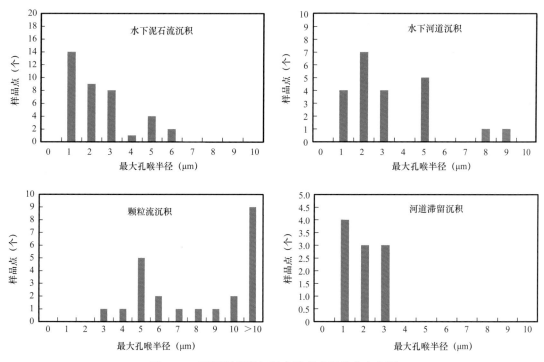

图 4-10　不同沉积微相最大孔喉半径分布直方图

第二节　主要敏感性控制因素分析

一、水敏性控制因素分析

储层水敏性指外来流体进入地层后，引起黏土矿物水化膨胀、分散运移，缩小或堵塞孔喉，导致渗透率下降、储层伤害的现象。作为储层水敏伤害的重要因素，黏土矿物类型、含量、产状、分布位置等多方面特征对储层水敏性强弱都有影响。研究表明，百口泉组砂砾岩储层黏土矿物对水敏性的影响主要有以下两个方面。

1.黏土矿物绝对总量是水敏性强弱的主控因素

黏土矿物水化膨胀和颗粒分散运移都可能造成储层水敏伤害，较大孔喉储层不易被堵塞，因此，黏土矿物所在的储层孔隙结构情况就很大程度上控制了矿物水化膨胀和颗粒转移对储层水敏伤害的大小。当黏土矿物位于孔隙结构较差的储层或分散的高岭石晶片转移至喉道位置时，因储层孔喉细小且连通性差，黏土矿物水化膨胀后更容易堵塞孔喉，对渗透率影响较大，从而造成严重的水敏伤害。因此，黏土矿物是储层产生水敏伤害最主要的物质基础，百口泉组砂砾岩储层含有绿泥石、伊利石、高岭石和伊/蒙混层4种黏土矿物，前人研究表明，4种黏土矿物均具有一定的遇水膨胀性，因此黏土矿物绝对总量对储层水敏性影响很大。

颗粒流沉积砂质细砾岩与泥石流沉积含泥含砂砾岩泥质含量差异显著。岩心流动实验测试表明，泥石流沉积含泥含砂砾岩水敏损害率一般大于30%，而颗粒流沉积仅有少数样品水敏损害率大于30%（图4-11）。表明储层水敏损害率随泥质含量增加显著增大。

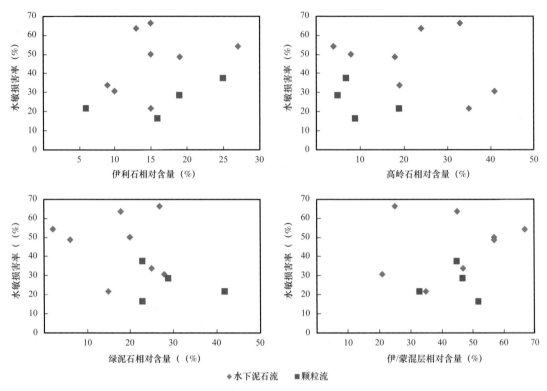

图 4-11　百口泉组储层水敏损害率与黏土矿物相对含量交会图

2. 黏土矿物类型及相对含量对水敏性有重要影响

4类黏土矿物产状特征的差异对储层敏感性产生不同程度的影响，伊/蒙混层矿物主要呈棉絮状、蜂窝状、半蜂窝状等产状，这些产状矿物较大的比表面积增加了其遇水膨胀的几率，使其对储层水敏性的影响较大，高岭石、伊利石和绿泥石3类矿物比表面积相对较小，遇水膨胀几率降低，对储层水敏性的影响也较小。此外，4类黏土矿物遇水膨胀率也有很大差异，参考徐同台等（2003）对各类黏土矿物膨胀率的研究，百口泉组砂砾岩储层4类矿物中伊/蒙混层矿物膨胀率最大，16h膨胀率为23%～25%，高岭石和伊利石次之，16h膨胀率分别为10%和9.17%，绿泥石膨胀率最小。

利用12个水敏样品的相关数据（表4-2）编制的水敏损害率和黏土矿物相对含量交会图表明，伊/蒙混层和高岭石相对含量与水敏损害率呈正比关系，绿泥石和伊利石相对含量与水敏指数呈反比关系，这表明膨胀率较大的黏土矿物相对含量越多储层水敏伤害越强。因此可认为黏土矿物类型及相对含量对储层水敏性强弱有重要影响。

表 4-2 玛西地区百口泉组储层敏感性强度与黏土矿物相对含量数据表

井号	井深（m）	层位	岩性	气体渗透率（mD）	盐敏	水速敏	水敏	酸敏	压敏	高岭石（%）	绿泥石（%）	伊利石（%）	伊/蒙混层（%）	混层比（%S）
玛西1	3560.49	T_1b_3	砂质细砾岩	0.469	中等偏弱	强	中等偏弱	无	—	41	28	10	21	40
玛西1	3587.39	$T_1b_2^1$	泥质中砾岩	2.530	弱	—	中等偏弱	弱	—	19	25	9	47	55
玛18	3904.31	T_1b_1	灰色砂砾岩	3.870	弱	弱	—	中等偏弱	强	20	15	14	51	20
玛18	3920.29	T_1b_1	灰色砂砾岩	2.040	无	弱	—	弱	强	5	22	13	60	25
玛18	3903.68	T_1b_1	砂质细砾岩	16.400	无	中等偏弱	中等偏强	无	—	9	23	16	52	30
玛18	3867.93	$T_1b_2^2$	灰色砂砾岩	0.196	中等偏弱	弱	中等偏强	无	—	7	30	17	46	20
玛18	3872.56	$T_1b_2^2$	含砂中砾岩	4.380	无	弱	—	中等偏弱	强	10	23	17	50	30
玛湖4	3298.69	T_1b_2	细砾质粗砂岩	3.900	—	中等偏弱	中等偏强	中等偏弱		50	7	25	18	50
玛湖4	3332.34	T_1b_1	灰黑色细砾岩	16.300	—	强	中等偏强	中等偏弱		24	18	13	45	35

二、水速敏性控制因素分析

在 8 块流动实验测试中，玛西地区百口泉组有 2 块岩心水速敏性强，6 块为中等偏弱 －弱。经对百口泉组砂砾岩储层水速敏损害率与黏土矿物相对含量交会分析发现，颗粒流沉积与泥石流沉积物没有显著差别，即砂砾岩黏土矿物绝对总量对储层水速敏性影响较弱。对比不同黏土矿物相对含量与水速敏性损害率可见，伊利石、绿泥石和伊/蒙混层与水速敏损害率相关性不大，对储层水速敏性影响较弱；而除个别物性较好的水下河道砂岩样品外高岭石与砂砾岩储层水速敏性正相关（图 4-12）。

黏土矿物对储层造成的水速敏性伤害主要是颗粒分散运移至较小孔喉的结果，所以晶形良好的高岭石因易于转移，与水速敏性的相关性最好。储层较大孔喉不易被堵塞，对于孔隙结构较差的储层，较快的水流速度导致更多分散的高岭石晶片更快地转移至喉道位置时，因储层孔喉细小且连通性差，堆积起来的高岭石散片更容易堵塞孔喉，对渗透率影响较大，从而造成严重的水速敏伤害。

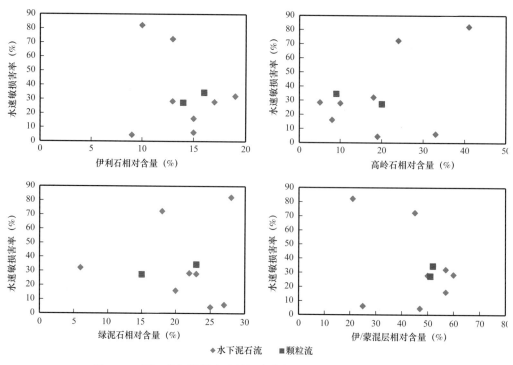

图 4-12　百口泉组储层水速敏损害率与黏土矿物相对含量交会图

三、压力敏感性控制因素分析

岩石渗透率体现了岩石的综合导流能力，它的好坏决定了流体的渗流状况。在对油层实施压裂作业、采油等生产工艺过程中，油藏岩石内压力是不断变化的，进而造成岩石有效压力（上覆岩石压力与岩石内孔隙压力之差）不断发生变化。针对低孔低渗储层的压裂工艺可显著增大岩石有效压力。随着有效压力的增加，地层岩石受到压缩，岩石中的微小孔道闭合，从而引起渗透率的降低，而渗透率的变化必然会影响地下渗流能力的变化，进而影响油井的产能。这种随压力的改变渗透率发生变化的现象称渗透率的压力敏感性。因渗透率的压力敏感性而影响到油田的开发称为压敏效应。

岩石伤害程度可由渗透率的降低值与原始渗透率的比值来表示，即 $\Delta K/K_i$。岩石受压后，其渗透率随压力的增加而降低。岩石在卸压恢复后，岩石渗透率有一定程度的恢复，但未恢复到初始值。不同岩石类型渗透率不可恢复量不同。砾岩、含砾砂岩和砂岩有相同的压敏特征，含泥含砂中砾岩的岩石渗透率不可恢复为 6.2%，而颗粒流沉积砂质细砾岩则小于 3.1%（表 4-3）。

考虑分选特征、物性、孔喉特征、泥质含量与胶结物类型等因素，可知水下河道与颗粒流沉积压敏性相对弱，河道滞留与水下泥石流沉积压敏较强。对颗粒流沉积砂质细砾岩和水下河道沉积砂岩来说，其颗粒粒度均匀，分选性好，岩石中孔隙空间以孔隙为主，喉道为次。在受到外加压力时，喉道首先闭合；继续加压，则主要是颗粒受压弹性变形。当撤除压力时，岩石主要是弹性恢复，但仍有一些喉道不能张开，导致渗透率最终不能恢复到初始值。泥石流沉积砾岩或河道沉积含细砾砂岩富含泥质，且颗粒粒度不均匀，分选性

表 4-3　玛西地区百口泉组不同岩性压力敏感性数据表

样号	玛 18 井 （3875.13m）	玛 18 井 （3904.31m）	玛 18 井 （3920.29m）
气体渗透率（mD）	2.97	6.85	4.28
岩性	含砂含泥中砾岩	砂质细砾岩	砂质细砾岩
微相	水下泥石流	颗粒流	颗粒流
渗透率损害率（%）	76.4	75.3	74.2
损害程度	强	强	强
不可逆渗透率损害率（%）	6.2	2.3	3.1

极差，岩石中孔隙空间以微细喉道为主。当受压时颗粒间泥质产生塑性形变，泥质被挤向四周，从而堵塞孔道，再加上喉道的闭合，故在外压下，渗透率下降较多。再继续加压时，越来越多的颗粒开始直接接触，发生一些弹性形变。当卸压时，弹性形变可以恢复，但发生了塑性变形的泥质及微细喉道均不可能重新恢复到原态，渗透率的可恢复量较小，岩石渗透率的压敏伤害程度较大。

第五章 玛西地区三叠系百口泉组的砾岩储层微观结构表征

第一节 微米 CT 扫描技术

一、实验测试原理及主要技术参数

1. 实验测试原理

X 射线微米 CT 是利用锥形 X 射线穿透物体，通过不同倍数的物镜放大图像，由 360° 旋转所得到的大量 X 射线衰减图像重构出三维的立体模型。利用微米 CT 进行岩心扫描的特点在于不破坏样本的条件下，能够通过大量的图像数据对很小的特征面进行全面展示。由于 CT 图像反映的是 X 射线在穿透物体过程中能量衰减的信息，因此三维 CT 图像能够真实地反映出岩心内部的孔隙结构与相对密度大小。

典型的 X 射线 CT 布局系统如图 5-1 所示，X 射线源和探测器分别置于转台两侧，锥形 X 射线穿透放置在转台上的样本后被探测器接收，样本可进行横向、纵向平移和垂直升降运动以改变扫描分辨率。当岩心样本纵向移动时，距离 X 射线源越近，放大倍数越大，岩心样本内部细节被放大，三维图像更加清晰，但同时可探测的区域会相应减小；相反，样本距离探测器越近，放大倍数越小，图像分辨率越低，但是可探测区域增大。样本

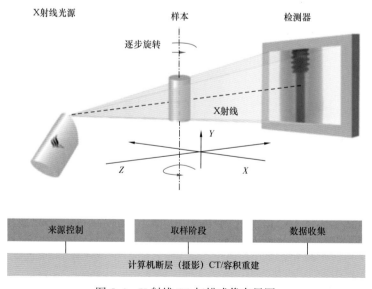

图 5-1　X 射线 CT 扫描成像布局图

的横向平动和垂直升降用于改变扫描区域，但不改变图像分辨率。放置岩心样本的转台本身是可以旋转的，在进行 CT 扫描时，转台带动样本转动，每转动一个微小的角度后，由 X 射线照射样本获得投影图。将旋转 360° 后所获得的一系列投影图进行图像重构后得到岩心样本的三维图像。与传统 X 射线成像相比，X 射线 CT 能有效地克服传统 X 射线成像由于信息重叠引起的图像信息混淆。

2. 主要技术参数

本项目所使用的微米 CT 测试仪器为 Xradia 公司产的 MicroXCT-200 型微米 CT 扫描仪（图 5-2），仪器的基本参数见表 5-1。

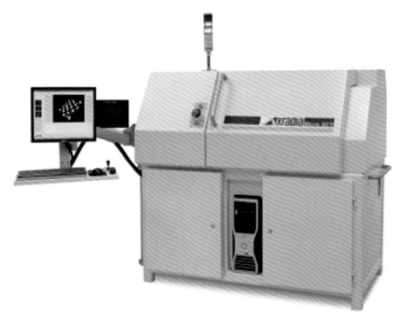

图 5-2　Xradia 公司 MicroXCT-200 微米 CT 扫描系统

表 5-1　MicroXCT-200 型微米 CT 扫描仪基本参数

参数	测试范围
样本大小（mm，样本直径）	1～70
电压（kV）	40～150
分辨率（μm）	0.5～35
功率（W）	1～10

二、扫描图像处理

1. 图像分割及可视化

利用 ImageJ 软件的图像分割（Segmentation）技术，对重构出的三维微米 CT 灰度图像进行二值化分割，划分出孔隙与颗粒基质，得到可用于孔隙网络建模与渗流模拟的分割图像（Segmented Image）。对 CT 扫描数据进行切片，得到横向和纵向的灰度图像，通过 Avizo 软件提取孔隙图像并进行三相分隔。

对扫描图像进行重构后，得到微样本三维灰度图像。由于 CT 图像的灰度值反映的是岩石内部物质的相对密度，因此 CT 图像中明亮的部分认为是高密度物质，而深黑部分则认为是孔隙结构。利用 Avizo 软件通过对灰度图像进行区域选取、降噪处理，将孔隙区域用红色渲染；将图像分割与后处理提取出孔隙结构之后的二值化图像，其中黑色区域代表样本内的孔隙，白色区域代表岩石的基质。

三维可视化的目的在于将数字岩心图像的孔隙与颗粒分布结构用最直观的方式呈现。通过 Avizo 三维可视化工具进行数据可视化，简易、直观地表述及模拟。利用 Avizo 提供的强大的数据处理功能，不仅可以表现出岩心三维立体的空间结构，同时还可以利用 Avizo 的数值模拟功能实现岩心内部油藏流动的动态模拟展示。在 Avizo 中的 image segmentation 选项中选取适当的分割方法可以将实际样本中的不同密度的物质按照灰度区间分割，并直观地呈现各组分的三维空间结构（其中可以将这些三维立体结构旋转、切割、透明等各种效果呈现）。

2. 建立三维孔隙网络模型

采用"最大球法（Maxima-Ball）"进行孔隙网络结构的提取与建模，既提高了网络提取的速度，也保证了孔隙分布特征与连通特征的准确性。

"最大球法"是把一系列不同尺寸的球体填充到三维岩心图像的孔隙空间中，各尺寸填充球之间按照半径从大到小存在着连接关系。整个岩心内部孔隙结构将通过相互交叠及包含的球串来表征。孔隙网络结构中的"孔隙"和"喉道"的确立是通过在球串中寻找局部最大球与两个最大球之间的最小球，从而形成"孔隙—喉道—孔隙"的配对关系来完成。最终整个球串结构简化成为以"孔隙"和"喉道"为单元的孔隙网络结构模型。"喉道"是连接两个"孔隙"的单元；每个"孔隙"所连接的"喉道"数目，称之为配位数（Coordination Number）。

在用最大球法提取孔隙网络结构的过程中，形状不规则的真实孔隙和喉道被规则的球形填充，进而简化成为孔隙网络模型中形状规则的孔隙和喉道。在这一过程中，利用形状因子 G 来存储不规则孔隙和喉道的形状特征。形状因子的定义为 $G = A/P^2$，其中 A 为孔隙的横截面积，P 为孔隙横截面周长。

在孔隙网络模型中，利用等截面的柱状体来代替岩心中的真实孔隙和喉道，截面的形状为三角形、圆形或正方形等规则几何体。在用规则几何体来代表岩心中的真实孔隙和喉道时，要求规则几何体的形状因子与孔隙和喉道的形状因子相等。尽管规则几何体直观上与真实孔隙空间差异较大，但他们具备了孔隙空间的几何特征。此外，三角形和正方形截面都具有边角结构，可以有效地模拟二相流中残余水或者残余油，与两相流在真实岩心中的渗流情景非常贴近。

建立孔隙网络模型是指通过某种特定的算法，从二值化的三维岩心图像中提取出结构化的孔隙和喉道模型，同时该孔隙结构模型保持了原三维岩心图像的孔隙分布特征以及连通性特征。

三、数字岩心表征

1. 结构特征计算

根据提取的孔隙网络，统计孔隙网络尺寸分布，分析网络连通特性。通过对孔隙网络模型进行各项统计分析，了解真实岩心中的孔隙结构与连通性。

（1）尺寸分布：包括孔隙和喉道半径分布，体积分布，喉道长度分布，孔喉半径比分布，形状因子分布等；

（2）连通特性：包括孔隙配位数分布，欧拉连通性方程曲线。

2. 绝对渗透率计算

三维数字岩心图像模型在某一方向的绝对渗透率，是利用计算流体动力学（CFD）模拟手段，通过计算流体在该方向上的流量而得到的。在低速流动和不可压缩流体假设前提下，多孔介质中的流体流动可以用线性斯托克斯方程组来描述：

$$\eta \nabla^2 \bar{V}(\bar{r}) = \bar{\nabla} p(\bar{r}) \tag{5-1}$$

$$\bar{\nabla} \cdot \bar{V}(\bar{r}) = 0 \tag{5-2}$$

式中，$\bar{V}$ 为流体单元速度矢量，p 为压强分布，η 为流体黏性系数。

流体数值模拟方法通过有限差分法进行迭代求解以上方程组，从而得到孔隙空间内流速分布与压强分布。在计算出通过某一方向横截面上的平均流量后，可利用达西公式将该流量转换成绝对渗透率：

$$u = -\frac{k}{\eta} \frac{\Delta P}{L} \tag{5-3}$$

式中，u 为流动方向上平均流速，L 为流动方向上流动计算长度，ΔP 为沿流动方向压强差，k 为流动方向上的绝对渗透率。对于某些各向异性很强的岩心比如碳酸盐岩，有必要对 3 个主方向上的绝对渗透率进行全部计算。

第二节　砾岩储层微观孔喉结构特征

一、测试样品概况

本次测试的原始岩心样本共两块，为砾岩岩性，样本直径为 2.5cm，长 1～2cm 的柱状岩心，储层孔隙类型主要为溶蚀孔和收缩孔，少量剩余原生粒间孔（表 5-2、图 5-3）。

(a) 玛18井，3917.28m，砾岩，溶蚀孔+收缩孔　　　　(b) 玛18井，3923.12m，砾岩，收缩孔为主

图 5-3　测试样品孔隙类型发育特征

表 5-2　测试样本概况

样本编号	直径（mm）	长度（mm）	岩性	孔隙发育情况
玛18（3919.62m）	25	16	砾岩	溶蚀孔 + 收缩孔
玛18（3923.12m）	25	13	砾岩	收缩孔为主

微米 CT 扫描各样本、子样本尺寸及扫描分辨率见表 5-3。

表 5-3　样本制备、扫描尺寸及分辨率

序号	样本编号	整体 / 精细扫描		
		扫描尺寸	分辨率	图片张数
1	玛18（3919.62m）	25mm	12.56mm	2028
2	玛18（3923.12m）	25mm	12.56mm	2028
3	玛18（3919.62m）	5mm	2.84μm	1986
4	玛18（3923.12m）	5mm	2.72μm	1987

二、图像处理

整体扫描图像如图 5-4、图 5-5 所示。

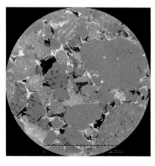
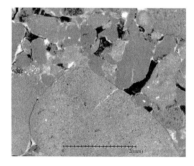
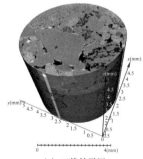

(a) 俯视图　　　　　　　　　(b) 正视图　　　　　　　　　(c) 三维效果图

图 5-4　玛 18 井（3919.62m）岩塞 5mm 微米 CT 扫描灰度图像

|(a) 俯视图|(b) 正视图|(c) 三维效果图|

图 5-5　玛 18 井（3923.12m）岩塞 5mm 微米 CT 扫描灰度图像

对扫描图像进行重构后，得到微样本二维灰度图像（图 5-6、图 5-7）。

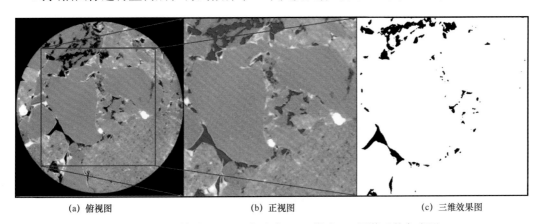

|(a) 俯视图|(b) 正视图|(c) 三维效果图|

图 5-6　玛 18 井（3919.62m）岩塞 5mm 微米 CT 图像重构灰度图

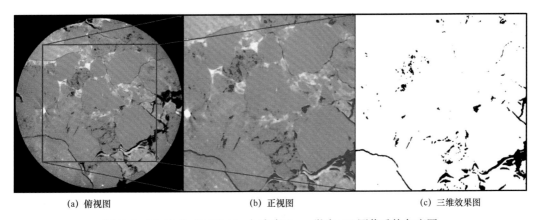

|(a) 俯视图|(b) 正视图|(c) 三维效果图|

图 5-7　玛 18 井（3923.12m）岩塞 5mm 微米 CT 图像重构灰度图

用最大球法提取孔隙网络结构，进而简化成为孔隙网络模型中形状规则的孔隙和喉道（图 5-8、图 5-9）。

三、主要结构参数

主要孔喉结构参数如图 5-10 所示，绝对渗透率计算结果如图 5-11、图 5-12 所示，见表 5-4、表 5-5。

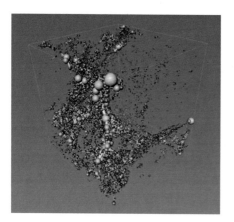

图 5-8　玛 18 井（3919.62m）岩塞 5mm
微米 CT 孔隙网络模型示意图

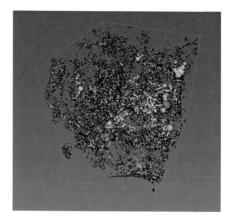

图 5-9　玛 18 井（3923.12m）岩塞 5mm
微米 CT 孔隙网络模型示意图

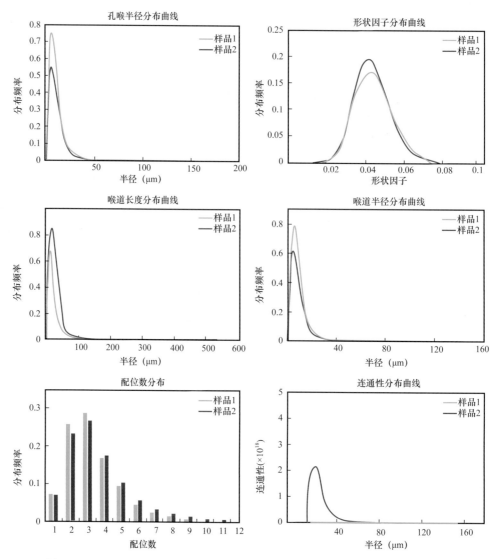

图 5-10　玛 18 井（3919.62m）与玛 18 井（3923.12m）岩心孔喉参数计算结果图

 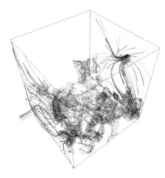

(a) 三维孔隙空间　　　　　　　(b) 连通性分析　　　　　　　(c) 绝对渗透率流线模拟

图 5-11　玛 18 井（3919.62m）岩心绝对渗透率计算流程图

(a) 三维孔隙空间　　　　　　　(b) 连通性分析　　　　　　　(c) 绝对渗透率流线模拟

图 5-12　玛 18 井（3923.12m）岩心绝对渗透率计算流程图

表 5-4　玛 18 井（3919.62m）岩心绝对渗透率计算结果

模拟方向	总孔隙度	连通孔隙度	绝对渗透率（mD）
玛 18 井，3919.62m，X	0.040886343	0.026069681	3.742461223
玛 18 井，3919.62m，Y	0.040886343	0.026069681	1.819292546
玛 18 井，3919.62m，Z	0.040886343	0.026069681	0.290192403

表 5-5　玛 18 井（3923.12m）岩心绝对渗透率计算结果

模拟方向	总孔隙度	连通孔隙度	绝对渗透率（mD）
玛 18 井，3923.12m，X	0.060069347	0.035059866	10.29661493
玛 18 井，3923.12m，Y	0.060069347	0	0
玛 18 井，3923.12m，Z	0.060069347	0.035059866	23.87521104

四、结果分析

基于数字岩心分析技术统计，得到玛 18 井（3919.62m）和玛 18 井（3923.12m）岩心的结构分布特征，并计算相应的喉道长度和喉道半径比值分布，可以明显看出，随着喉道长度 / 喉道半径比值的增大，相应的在玛 18 井（3919.62m）岩心概率逐渐小于玛 18 井

（3923.12m），当喉道长度/喉道半径比值大于 10 时，呈现明显的收缩孔特征，从而说明了玛 18 井（3919.62m）岩心中的收缩孔比例小于玛 18 井（3923.12m）岩心中的收缩孔比例，玛 18 井（3923.12m）样品的收缩孔较为发育（图 5-13）。

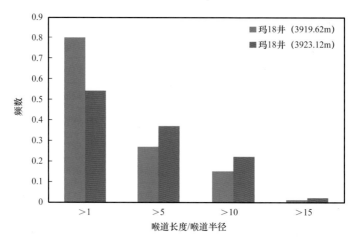

图 5-13　玛 18 井（3919.62m）和玛 18 井（3923.12m）岩心喉道长度/喉道半径分布频数图

玛 18 井（3919.62m）和玛 18 井（3923.12m）岩心孔渗参数对比（表 5-6）可以发现玛 18 井（3923.12m）和玛 18 井（3919.62m）样品孔隙度相差不大，但是渗透率相差很大，这是由玛 18 井（3923.12m）样品发育收缩孔引起的，即原杂基填隙物中的收缩孔能够大大提高其渗流能力，展现出较好的渗流特征。

表 5-6　玛 18 井（3919.62m）和玛 18 井（3923.12m）岩心孔渗参数对比

样品	总孔隙度	连通孔隙度	绝对渗透率（mD）
玛 18 井（3919.62m）	0.040886343	0.026069681	1.950648724
玛 18 井（3923.12m）	0.060069347	0.023373244	11.39060866

第三节　不同孔隙类型孔喉结构对比

一、测试样品概况

针对收缩孔与粒内溶孔的孔喉结构差异，采用原始岩心样本共 3 块：玛湖 012 样品溶蚀孔隙极为发育；玛 9 样品溶蚀孔隙发育次之；艾湖 9 样品收缩孔极发育（表 5-7）。

表 5-7　样本制备、扫描尺寸及分辨率

序号	样本编号	扫描尺寸（mm）	分辨率（μm）	孔隙发育情况
1	玛湖 012-9 样品	5	5	溶蚀孔极为发育
2	玛 9-2 样品	5	5	溶蚀孔较发育
3	艾湖 9-3 样品	8	6	收缩孔为主

二、图像处理

整体扫描图像及三维效果如图 5-14 至图 5-16 所示。

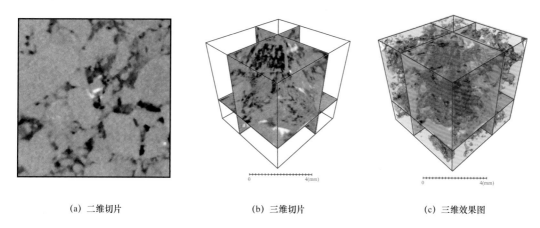

(a) 二维切片　　　　　　　　(b) 三维切片　　　　　　　　(c) 三维效果图

图 5-14　玛湖 012-9 样品微米 CT 扫描灰度图像

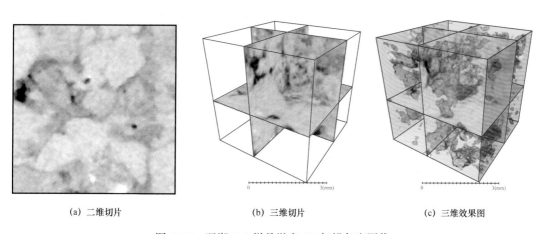

(a) 二维切片　　　　　　　　(b) 三维切片　　　　　　　　(c) 三维效果图

图 5-15　玛湖 9-2 样品微米 CT 扫描灰度图像

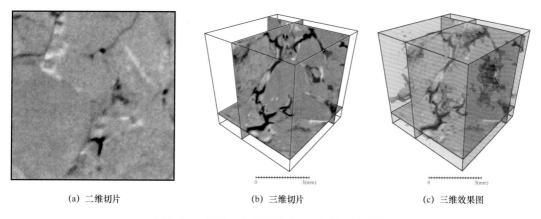

(a) 二维切片　　　　　　　　(b) 三维切片　　　　　　　　(c) 三维效果图

图 5-16　艾湖 9-3 样品微米 CT 扫描灰度图像

扫描图像处理后的孔喉网络模型如图 5-17 至图 5-19 所示。

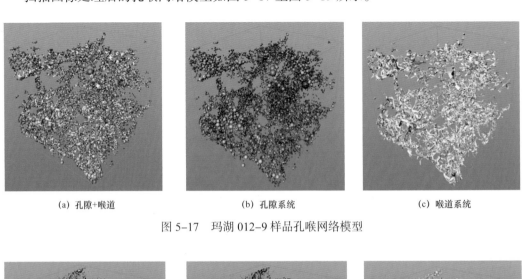

| (a) 孔隙+喉道 | (b) 孔隙系统 | (c) 喉道系统 |

图 5-17　玛湖 012-9 样品孔喉网络模型

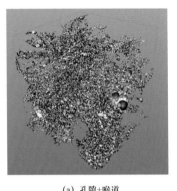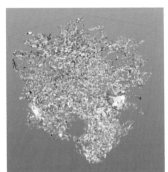

| (a) 孔隙+喉道 | (b) 孔隙系统 | (c) 喉道系统 |

图 5-18　玛 9-2 样品孔喉网络模型

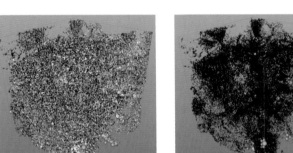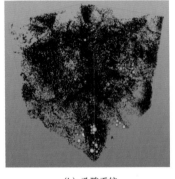

| (a) 孔隙+喉道 | (b) 孔隙系统 | (c) 喉道系统 |

图 5-19　艾湖 9-3 样品孔喉网络模型

三、主要结构参数

主要孔喉结构参数如图 5-20 至图 5-23 所示。

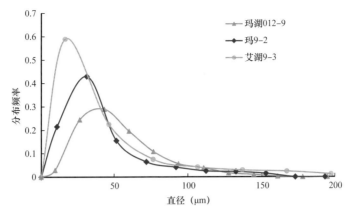

图 5-20 三组测试样品孔隙直径分布曲线

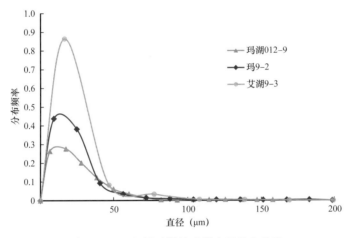

图 5-21 三组测试样品喉道直径分布曲线

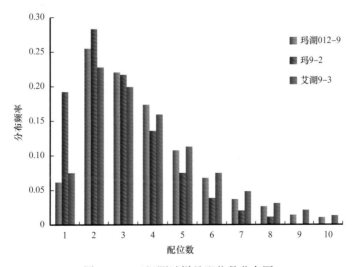

图 5-22 三组测试样品配位数分布图

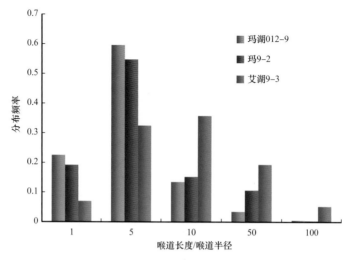

图 5-23　三组测试样品喉道长度 / 喉道半径分布图

四、结果分析

玛湖 012-9 样品溶蚀孔发育,孔隙度高,孔隙半径最大,连通性好,渗透率高;玛 9-2 样品溶蚀孔部分发育,孔隙度次之,孔隙半径次之,连通性差,渗透率差;艾湖 9-3 样品收缩孔发育,孔隙度最低,孔隙半径最小,但是连通性较好,渗透率较高(表 5-8)。

表 5-8　不同孔隙类型的数字岩心表征对比

井号	样品号	孔隙度（%）	渗透率（mD）	平均孔喉直径（μm）	平均孔隙直径（μm）	平均喉道直径（μm）	平均形状因子	平均配位数
玛湖 012 井	9	15.4	14.7	44.8	54.6	25.0	0.0533	3.6
玛 9 井	2	12.5	6.2	40.7	49.2	24.2	0.0506	2.82
艾湖 9 井	3	9.8	13.4	35.2	42.2	22.9	0.0462	3.72

三块样品的对比趋势,孔隙度逐渐降低,孔隙尺寸逐渐减小,渗透率先减小后升高。这是由于艾湖 9-3 样品收缩孔较为发育,虽然孔隙度最低,但是连通性比较好,因此渗透率比较高。

第六章　玛湖凹陷二叠系下乌尔禾组沸石类矿物成因及优质储层发育模式

第一节　国内外沸石矿物研究现状

随着油气勘探逐渐向精细化发展，深部致密储层中沸石类矿物交代、溶蚀形成的次生孔隙发育带作为油气勘探一个新领域，日渐引起了广大石油工作者的密切关注。近年来，在逐步完善沸石类矿物溶蚀有效储层的特殊性、规律性研究的基础上，与储层质量密切相关的沸石类矿物岩石学特征、形成机理、形成环境、沸石相（平面、垂向）发育模式以及分布对储层物性的相互关系等方面取得了重要研究进展，但也存在一些有待深化研究的问题。

一、逐步完善不同种类沸石矿物成因机理研究

沸石类矿物可发育在多类沉积体系下不同年代、不同类型的岩石中，具有多种成因。国内外学者在此方面做了大量的研究，目前主要认为有以下几种认识：次生成因（成岩过程的矿物转化、火山物质的水化）、同生成岩成因、变质成因。

我国对准噶尔盆地次生成因的沸石做了系统的研究工作，认为在扇三角洲平原、扇三角洲前缘厚层叠置的水下分流河道砂体中有利于火山物质的水化形成沸石，且有利于后期酸性流体的进入发生溶蚀作用。勘探研究表明，浊沸石溶蚀后可形成大量的次生孔隙带，具有巨大的勘探潜力。

成岩同生期形成沸石类矿物的胶结和交代作用抑制了压实作用，使原始孔隙结构得以保存，为后期沸石溶蚀增孔奠定了物质基础。但我国对于此类成因的沸石研究较为薄弱，相关研究多见于国外。美国西部古近纪发育有大量的湖盆，以火山碎屑岩、凝灰岩和湖泊相沉积为主。由于溶解较多的钠离子、碳酸根离子和硼酸钠等使得湖水的盐度和碱度较大，孔隙流体的组成决定何种沸石直接从酸性火山玻璃中析出。湖盆自生矿物存在着分带区：湖盆边缘流体含盐性较低，以火山玻璃或者蒙脱石为主；往湖盆中心发育着斜发沸石、钙十字沸石、毛沸石等的分异带，反映着较高盐度和 pH 值的湖水；随着盐度和 pH 值的增加，先期发育的沸石转化为方沸石；湖盆中心盐度最高，先期发育的物质转化为钾长石。从湖盆边缘到湖中心依次发育有非方沸石沸石类矿物、方沸石和钾长石，呈牛眼模式。

斜发沸石的方沸石化

$$（Na，K）_2（Al_2Si_8O_{20}）\cdot 7H_2O+2Na^+ \longrightarrow Na_2（Al_2Si_4O_{12}）\cdot 2H_2O+4SiO_2+5H_2O+2（Na^+，K^+）$$

（斜发沸石）　　　　　　　　　　（方沸石）　　　　　　　　　　（6-1）

丝光沸石的方沸石化

$$（Na_2，Ca）（Al_2Si_{10}O_{24}）·8H_2O+2Na^+ \longrightarrow Na_2（Al_2Si_4O_{12}）·2H_2O+6SiO_2+6H_2O+2（Na^+，Ca^{2+}）$$
（丝光沸石）　　　　　　　　　（方沸石）　　　　　　　　　　　（6-2）

钙十字沸石的方沸石化

$$Na_2K_2Al_4Si_{12}O_{32}·11H_2O+2Na^+ \longrightarrow 4NaAlSi_2O_6·H_2O+7H_2O+4SiO_2+2K^+$$
（钙十字沸石）　　　　　　　　　（方沸石）　　　　　　　　　（6-3）

方沸石的钾长石化

$$NaAlSi_2O_6·H_2O+SiO_2+K^+ \longrightarrow KAlSi_3O_8+H_2O+Na^+$$
（方沸石）　　　　　　　　　（钾长石）　　　　　　　　　（6-4）

孙玉善等在对我国西部地区方沸石胶结相与碎屑岩次生优质储层形成机制研究时认为成岩早期形成的沸石常以自形粒状沿孔隙边缘连续或非连续分布，自生方沸石共生的矿物组合标志为：方解石—石膏和泥—粉晶白云石—菱铁矿两种组合。该标志不同程度地反映出与干旱环境下的盐湖盆地沉积有一定的相关性。同生期形成的沸石与储层物性条件具有一定的相关关系，可根据沸石与古环境和古物源的关系从而判断成岩同生期沸石可能发育的地层与位置，预测可能存在优质储层的位置。因而加强不同种类沸石的成岩环境、成因机理研究，对寻找沸石溶蚀孔型储层有重要指导意义。

二、浊沸石对研究区的碎屑岩储层具有建设性作用

目前，国内部分含油气盆地与浊沸石胶结相有关的优质次生储集体研究较为活跃，与沸石胶结相有关的次生优质储层多见于西部的准噶尔盆地。扇三角洲前缘厚层叠置的水下分流河道和扇三角平原分流河道的粒度较粗、杂基含量少的砂砾岩为浊沸石发育的有利区带。目前对于浊沸石的成因普遍认为是钙长石的钠长石化［式（6-5）］、中基性火山岩岩屑及凝灰岩岩屑蚀变形成浊沸石和方沸石、片沸石转化形成浊沸石［式（6-6）］。二叠系碎屑岩储层浊沸石胶结物含量与浊沸石溶孔含量呈明显的正相关，浊沸石胶结物的存在多保留 3%～8% 的孔隙度。浊沸石既可以改善储层的物性，当浊沸石没有遭受后期的交代和溶蚀，也会大大降低储层的孔隙，增加储层的非均质性。

斜长石的钠长石化

$$2CaAl_2Si_2O_8+2Na^++4H_2O+6SiO_2 \longrightarrow 2NaAlSi_3O_8+Ca（Al_2Si_4O_{12}）·4H_2O+Ca^{2+}$$
（钙长石）　　　　　　　　　（钠长石）　　　（浊沸石）　　　　　（6-5）

片沸石的浊沸石化

$$Ca（Al_2Si_7O_{18}）·6H_2O \longrightarrow Ca（Al_2Si_4O_{12}）·4H_2O+3SiO_2+2H_2O$$
（片沸石）　　　　　　　　　（浊沸石）　　　　　　　　　（6-6）

三、不同种类沸石、形成环境及相互转化机制的认识趋向统一

沸石类矿物具有多种成因，易发生一系列的转化，如斜发沸石可转化为片沸石，片沸石转化为浊沸石，方沸石转化为钠长石等，形成一系列共生矿物组合，如方沸石和钠长石共生、浊沸石和片沸石共生及方沸石和白云石共生。这一系列组合标志可反映自生沸石的母岩类型，同时也可分析沸石成因。自生矿物在转化过程中，矿物分子中有部分离子发生替换。由于不同离子具有不同的体积，自生矿物转化会对储层性质具有一定的影响。但对于此类转化规律、转化过程中对储层性质影响等认识不足。

沸石类矿物对温度、压力和所处地层流体性质敏感性较大，碱性、高（$Na^+ + K^+ : H^+$ 和 $Si : Al$）有利于沸石的形成。在酸性条件下，浊沸石会发生溶解作用，转化为伊利石，在富含 CO_2 条件，浊沸石转化为高岭石，地下水中的羧酸，有机酸（主要是二元羧酸）中的羧基与铝硅酸盐的 Al^{3+} 相络合形成稳定的络合物。通过热力学数值模拟表明，钙长石的钠长石化形成浊沸石反应前后的标准反应焓差为 3.13kJ/mol，为放热反应。随着温度的增加，反应的难度也逐渐增加。高温有利于沸石的溶解，压力对浊沸石形成影响不明显。温度的增高不利于 CO_2 气体溶蚀浊沸石，而高压情况有利于该反应的进行，但是压力远远没有温度对此反应的影响大。酸性流体溶蚀浊沸石的反应与温度压力相关性都不是很大，且富钾的酸性溶液有利于浊沸石的溶蚀。高 Ca^{2+} 有助于保持沸石的稳定，甚至可以抵消 pH 值降低所带来的影响。提高钾离子的浓度有利于浊沸石的溶解，使钙长石转化为钾长石。以上热力学数值模拟计算都是针对浊沸石，但对于其他类型沸石的溶蚀主控因素及对不同沸石差异溶蚀储层质量和产量的关系有待深化。

酸性条件下浊沸石的溶解

$$3CaAl_2Si_4O_{12} \cdot 4H_2O + 4H^+ + 2K^+ \longrightarrow 3Ca^{2+} + 2KAl_3Si_3O_{10}(OH)_2 + 6SiO_2 + 12H_2O$$

（浊沸石）　　　　　　　　　　　　　（伊利石）　　　　　　　　（6-7）

富含 CO_2 条件下浊沸石的溶解

$$CaAl_2Si_3O_8 + CO_2 + 2H_2O \longrightarrow Al_2Si_2O_5(OH)_4 + 2HCOO^- + Ca^{2+}$$

（浊沸石）　　　　　　　　　（高岭石）　　　　　　　　（6-8）

第二节　沸石类矿物类型及其分布

一、沸石类矿物类型

通过对玛东地区二叠系下乌尔禾组 30 余口井和 400 多块岩石薄片，结合扫描电镜、能谱分析等手段观察和分析，在砂砾岩中发现 5 种沸石类矿物：浊沸石、片沸石、方沸石、辉沸石、斜发沸石。研究区以浊沸石、片沸石胶结为主，常见二者共生，见少量斜发沸石和片沸石共生。大部分沸石类矿物是以胶结物和裂隙充填物的形式产出，普遍见于粒间孔隙和裂缝中。沸石类矿物呈完好的晶簇状出现，或被溶蚀呈港湾状和穿孔状。

1. 浊沸石

玛东地区乌尔禾组普遍存在浊沸石，显微镜下无色或白色，常见两组或一组解理，解理明显，消光角较大，为20°～30°（图6-1a）。自形程度高，常呈柱状、连生状晶体，主要以半充填—全充填粒间孔隙形式析出，其形成一般晚于片沸石和绿泥石，而早于方解石（图6-1b）。显微镜下矿物晶形明显、干净，多是成岩过程中直接析出，由片沸石和方沸石转化现象不明显。由于在成岩后期地层水和有机酸的作用下发生部分或全部溶蚀，呈现不规则的港湾状于砂岩颗粒之间（图6-1c）。浊沸石常常作为胶结物出现，部分交代斜长石颗粒和火山碎屑，后期常见钠长石化（图6-1d）。电子探针下，浊沸石常为自形的板状或板柱状，多期沸石的接触部位存在微晶间缝（图6-1e），在裂缝发育层段常见浊沸石溶

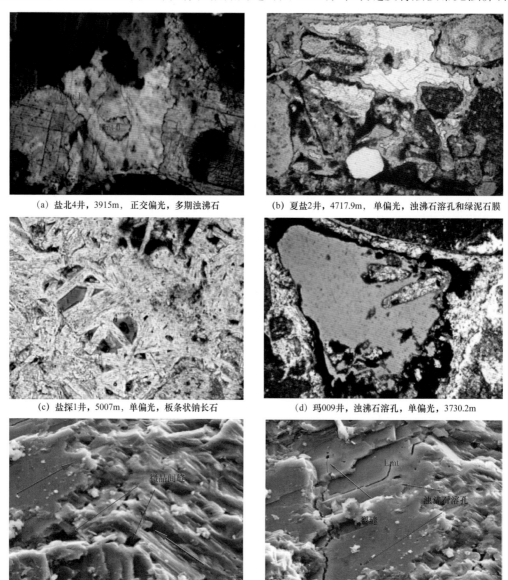

（a）盐北4井，3915m，正交偏光，多期浊沸石　　（b）夏盐2井，4717.9m，单偏光，浊沸石溶孔和绿泥石膜

（c）盐探1井，5007m，单偏光，板条状钠长石　　（d）玛009井，浊沸石溶孔，单偏光，3730.2m

（e）玛607井，4103.5m，扫描电镜，多期浊沸石　　（f）玛607井，4103.5m，扫描电镜，浊沸石溶蚀

图6-1　玛东地区二叠系下乌尔禾组浊沸石微观特征

蚀（图6-1f）。

2. 片沸石

玛东地区乌尔禾组片沸石在扇三角洲平原较为发育，见于杂基含量高的砂砾岩中。显微镜下多呈褐色、黄褐色。片沸石具两种形态，他形泥晶片沸石呈半充填或全充填于泥质粉细砂岩碎屑颗粒之间（图6-2a），而自形中细晶片沸石多出现在中粗砂或砂砾岩中，垂直颗粒边缘与其他类型胶结物一起充填后期溶蚀孔隙（图6-2b）。矿物自形程度较高，见一组完全解理，平行消光或呈消光角很小的斜消光。在成岩过程中一般最早析出，多沿着碎屑颗粒的边缘大致垂直生长，常以充填—半充填方式产出于碎屑岩粒间孔隙中。偶见片沸石交代长石碎屑和岩屑（图6-2c，d）。

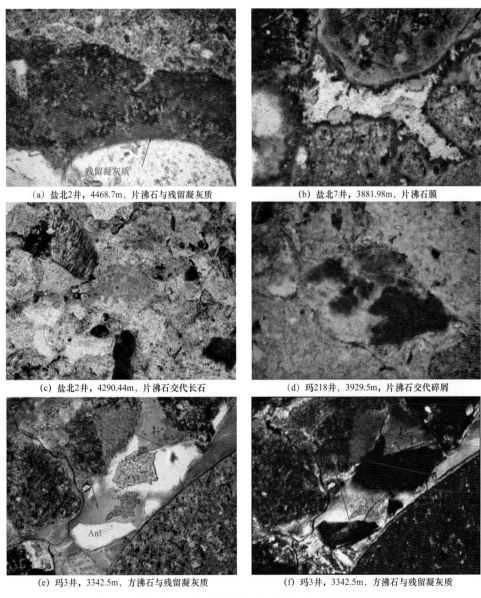

(a) 盐北2井，4468.7m，片沸石与残留凝灰质

(b) 盐北7井，3881.98m，片沸石膜

(c) 盐北2井，4290.44m，片沸石交代长石

(d) 玛218井，3929.5m，片沸石交代碎屑

(e) 玛3井，3342.5m，方沸石与残留凝灰质

(f) 玛3井，3342.5m，方沸石与残留凝灰质

图6-2 玛东地区二叠系下乌尔禾组片沸石、方沸石微观特征

3. 方沸石

玛东地区乌尔禾组方沸石不发育，偶见于个别井段（玛3井），靠近湖盆边缘。方沸石单偏光下无色透明，正交光下全消光，解理不发育，多为半自形的板状，呈不规则状充填于粒度粗的砂砾岩中。方沸石产状常为半自形板状与蚀变凝灰质共生（图6-2e、f），溶蚀现象不太常见。

4. 辉沸石

玛东地区乌尔禾组辉沸石不发育，偶见于个别井段（玛009井）。辉沸石晶体常呈平行的板状、片状，单偏光为灰色、灰黄色，干涉色为一级黄白（图6-3a）。负低突起，负延性，镜下可见穿插双晶（图6-3b），与方解石共生充填于孔隙中。扫描电镜下辉沸石多

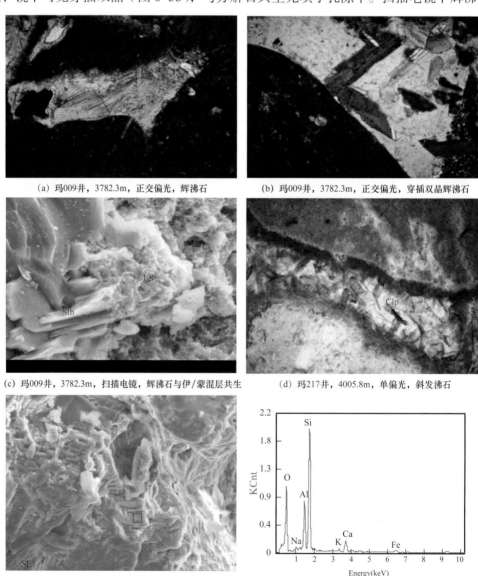

(a) 玛009井，3782.3m，正交偏光，辉沸石   (b) 玛009井，3782.3m，正交偏光，穿插双晶辉沸石

(c) 玛009井，3782.3m，扫描电镜，辉沸石与伊/蒙混层共生   (d) 玛217井，4005.8m，单偏光，斜发沸石

(e) 玛009井，3939.5m，扫描电镜，片状斜发沸石   (f) 玛009井，3939.5m，能谱分析，片状斜发沸石

图6-3　玛湖地区二叠系下乌尔禾组辉沸石、斜发沸石微观特征

为刀片状，与伊/蒙混层共生（图6-3c）。

5. 斜发沸石

玛东地区乌尔禾组辉沸石不发育，偶见于个别井段（玛009井、玛218井）。斜发沸石晶体多为细小的针柱状，多为浅黄褐色，负低—中突起，正延性，常与片沸石共生（图6-3d）。扫描电镜下辉沸石多为片状，（图6-3e），能谱分析表明，斜发沸石含少量的铁（图6-3f）。

二、沸石类矿物分布

玛东地区二叠系乌尔禾组以浊沸石和片沸石胶结为主，通过对研究区30余口井400多块岩石薄片鉴定结果，按鉴定结果的平均值来分析不同种类沸石胶结物的平面分布。结合沉积相带的展布，玛湖地区二叠系下乌尔禾组砂砾岩中的沸石类矿物呈规律性的变化。浊沸石集中发育在杂基含量低、原始孔渗高扇三角洲前缘亚相，而片沸石主要分布在扇三角洲平原亚相。在同一物源区的扇体，由湖盆中心向湖盆边缘，因水介质盐度和碱度的降低，造成沸石由低硅的浊沸石向高硅的片沸石发育的分布特征，呈带状分布（图6-4）。

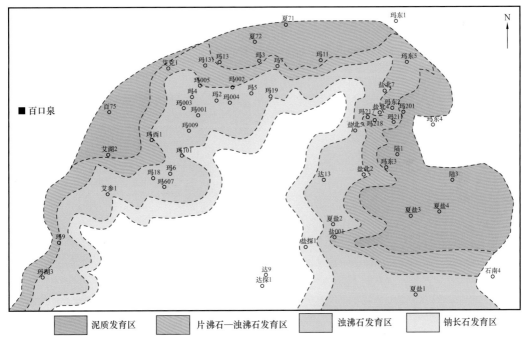

图6-4　玛东地区下乌尔禾组乌四段沸石矿物分带性

第三节　沸石类矿物成因与发育环境

一、沸石类矿物成因

沸石类矿物发育在多类沉积体系不同年代、不同类型的岩石中，且具有多种成因：沉积成因（同生成岩作用和热液作用）、成岩成因（成岩矿物的转化和火山物质的蚀变）、变质成因。通过对玛湖地区30余口取心井和400多块岩石薄片的观察和鉴定，结合扫描电镜、电子探针、全岩衍射等技术，提出交代（斜长石的钠长石化和火山物质蚀变）和胶结的沸石成因模式。玛东地区乌尔禾组片沸石和方沸石以火山物质蚀变为主；而浊沸石以胶结成因为主。

1.火山物质蚀变成因

玛湖地区二叠系下乌尔禾组为一套近源、快速堆积的扇三角洲沉积，碎屑岩的成分成熟度和结构成熟度低，岩屑组分中火山岩碎屑主要来自酸性和中基性火山岩母岩区。Leggo等（2001）研究表明，火山碎屑（主要为火山玻璃）在蚀变为黏土矿物的过程中生成了碱性环境和活化 SiO_2，同时生成含水较多的斜发沸石、片沸石。玛湖地区砂砾岩含大量火山物质，在开放的碱性成岩环境中，碎屑物快速堆积，形成大套的巨厚粗碎屑沉积，其分选差、磨圆差、杂基含量高使其快速的致密化。沉积物快速脱离开放的碱性环境，由于含有大量不稳定的矿物，在受溶液作用迅速分解后可放出大量 K^+、Na^+、Ca^{2+} 和 Mg^{2+} 等离子，使地层水呈强碱性。当达到一定温度和压力，部分凝灰质和火山岩碎屑转化为沸石。通过大量的岩石薄片鉴定表明，片沸石多与蚀变凝灰质交织共生，且片沸石多含铁离子而成红色，呈板条状晶体分散在孔隙中，或沿颗粒周围向粒间孔隙中成马牙式生长（图6-5a）。片沸石形态具两种产状，他形泥晶片沸石和自形中细晶片沸石。他形泥晶片沸石呈半充填或全充填于泥质粉细砂岩碎屑颗粒之间，而自形中细晶片沸石多出现在中粗

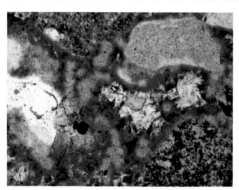

(a) 盐北7井，3881.98m，单偏光，片沸石和绿泥石共生

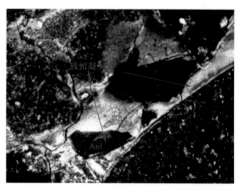

(b) 玛3井，3342.5m，单偏光，方沸石与残留凝灰质

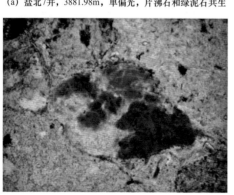

(c) 玛607井，4101.4m，正交偏光，浊沸石交代玄武岩岩屑

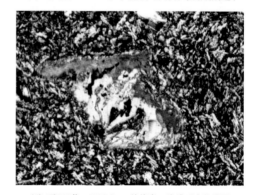

(d) 玛218井，3929.5m，单偏光，片沸石交代碎屑

图6-5　蚀变成因的沸石

砂或砂砾岩中,垂直颗粒边缘与其他类型胶结物一起充填后期溶蚀孔隙。方沸石多以板状与蚀变凝灰质共生(图6-5b)。也可见部分浊沸石交代中基性岩屑(图6-5c),或直接交代玻屑凝灰岩,部分岩屑被完全交代而成为沸石岩(图6-5d)。此类成因的沸石与火山物质蚀变关系密切,见沸石与火山物质交织生长,二者密切共生。

2. 斜长石的钠长石化成因

前人对鄂尔多斯盆地三叠系延长组长石砂岩中浊沸石研究表明,水下分流河道砂体原生孔隙发育,初始渗流条件好,孔隙水与火山物质和斜长石碎屑的离子能力交换能力强,易于形成浊沸石胶结。通过对长石含量与浊沸石含量交会图表明,在长石的含量达到一定的条件下,与浊沸石胶结物含量呈正相关性。早成岩B期,随着埋深增加,凝灰质泥岩中的蒙皂石向伊利石、绿泥石转化过程中大量脱水,并析出Ca、Mg、Fe离子,其Fe、Mg离子与硅酸盐形成绿泥石沉淀,Ca离子随后形成浊沸石并充填孔隙,浊沸石形成的温度在64~68℃。

玛湖地区二叠系下乌尔禾组砂砾岩中见少量斜长石碎屑和火山岩屑中的长石晶粒,其长石含量为3%左右。斜长石与浊沸石都属于架状硅酸盐矿物,成分和结构相似,在碱性富钠的孔隙水有利于浊沸石交代斜长石(图6-6a)。在夏盐扇(以夏盐2井)常见浊沸石交代长石,其余扇体偶见浊沸石交代长石现象。浊沸石可在斜长石发生钠长石化过程中形成[式(6-9)]。通过对研究区201块岩石薄片进行交会,可见长石的含量与浊沸石含量并无明显的关系,甚至有呈负相关性(图6-6b)。可能为长石经常出现在扇三角洲前缘外环带的砂岩或扇三角洲前缘的砾岩中,此沉积相带岩石较为致密,不利于碱性富钠孔隙水的生成和交换,再加上长石含量低,因而浊沸石交代斜长石不普遍。

$$2CaAl_2Si_2O_8+2Na^++4H_2O+6SiO_2 \longrightarrow 2NaAlSi_3O_8+CaAl_2Si_4O_{12}\cdot 4H_2O+Ca^{2+}$$

(钙长石)　　　　　　　　　　　　　　　　　　(钠长石)　(浊沸石)　　　　　(6-9)

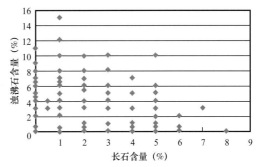

(a) 玛4井,3607.35m,正交偏光,浊沸石交代钾长石　　(b) 浊沸石含量与长石含量交会图(据201块岩石薄片)

图6-6 斜长石钠长石化成因的沸石

3. 胶结成因

玛湖地区以浊沸石胶结为主,平均含量大于5%。浊沸石常以晶粒粗大的自形板状、柱状充填孔隙,多期次性常见。目前普遍认为,浊沸石的形成主要有4种途径:高岭石和方解石反应生成浊沸石；斜长石、中基性火山岩岩屑及凝灰岩岩屑蚀变形成浊沸石；方沸石、片沸石转化形成浊沸石；温度介于200~250℃，低变质作用形成浊沸石。乌尔禾组砂砾岩在开放的碱性沉积环境中快速堆积埋藏，随着上覆沉积物快速增厚，沉积物迅速脱离开放的碱性环境，成岩环境逐渐封闭。早期的碱性地层流体使得火山碎屑和凝灰质大量的发生水解，析出大量的Fe、Mg等阳离子和大量的活化的SiO_2。在扇三角洲前缘亚相高原生孔隙砂砾岩中，地层水交换频繁，在一定温度和压力条件下，地层水局部富集形成大量的浊沸石。通过大量的岩石薄片鉴定、扫描电镜和能谱分析等手段，着重分析浊沸石的岩相学和共生矿物，提出玛湖地区二叠系沸石成因以成岩流体孔隙水富集析出为主，以胶结物形式产出。

1）岩相学证据

岩相学主要是通过结晶学、矿物岩石学、晶体光学等基础知识，利用偏光显微镜、扫描电镜、能谱分析等手段，研究岩石的矿物成分、化学成分、产状及分类、命名，以及了解矿物的成因、各种矿物间的相互关系及其演变等。岩相是各类矿物形成的直接证据，是对其对成因分析最为有利的手段之一。玛湖地区浊沸石以胶结物形式在孔隙水中沉淀富集析出的岩相学证据有：（1）浊沸石与凝灰质共生时，由于凝灰质密度较大，优先沉淀聚集在矿物碎屑的表面，浊沸石则后期富集作为胶结物析出，可见明显的似示顶底结构（图6-7a）。（2）浊沸石常见多期次性，早期形成的浊沸石受酸性流体影响而被溶蚀，由于此时浊沸石析出的物质来源被早期的浊沸石所阻隔，晚期的浊沸石基本不可能由火山物

(a) 盐北4井，3913.2m，单偏光，似示顶底结构

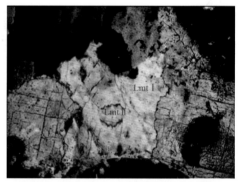
(b) 盐北4井，3915m，正交偏光，多期浊沸石

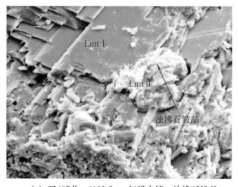
(c) 玛607井，4103.5m，扫描电镜，浊沸石雏晶

(d) 盐北4井，3646.75m，正交偏光，成岩缝充填浊沸石

图6-7 胶结成因浊沸石岩相学证据

质直接蚀变而成，因此后期形成的浊沸石应为胶结成因，来源于孔隙水早期被溶蚀的浊沸石再析出（图 6-7b、c）。（3）部分岩屑受成岩作用的影响形成成岩缝，后期充填的浊沸石与孔隙中作为胶结物的浊沸石消光位基本一致，为同一时期的同一浊沸石大晶体胶结。此时，浊沸石的物质来源与作为胶结物的浊沸石基本一致，都来自孔隙水有利于浊沸石富集析出（图 6-7d）。

2）共生矿物证据

沸石类矿物具有多种成因，易发生一系列的转化，如斜发沸石可转化为片沸石，片沸石转化为浊沸石，方沸石转化为钠长石等，形成一系列共生矿物组合，如方沸石和钠长石共生、浊沸石和片沸石共生，方沸石和白云石共生。这一系列的组合标志可反映自生沸石的母岩类型，同时也可分析沸石的成因。玛湖地区浊沸石多与绿泥石、伊/蒙混层共生。这些黏土矿物具有一个共同的特点，呈薄膜状围绕碎屑颗粒表面（图 6-8a），后期再析出浊沸石。通过对绿泥石的调研，绿泥石形成于弱碱性（pH 值为 7.9）、富含火山岩屑和富含铁离子等环境，与浊沸石析出的条件相似。早期，孔隙水的 pH 值为弱碱性，绿泥石围绕颗粒表面生长，后期成岩流体碱性增强，有利于浊沸石的析出，浊沸石以粗大自形板状充填孔隙（图 6-8b）。也可见浊沸石与凝灰质共生，凝灰质分散于孔隙角落中，此处的孔隙水流通不畅。或者在绿泥石化凝灰质收缩缝中析出浊沸石，但此处浊沸石较为洁净，基本上与周围凝灰质无渐变关系（图 6-8c、d）。

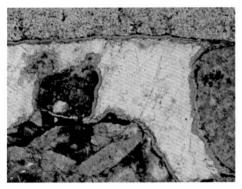

(a) 夏盐2井，4719.23m，单偏光，浊沸石与绿泥石共生

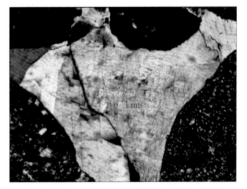

(b) 玛201井，3345.87m，正交偏光，多期浊沸石

(c) 玛201井，3646.75m，单偏光，浊沸石与凝灰质

(d) 玛201井，4984.4m，单偏光，
绿泥石化凝灰质收缩缝中浊沸石

图 6-8 孔隙水富集析出成因的浊沸石

二、沸石发育环境

研究认为，沸石类矿物的宏观分布受岩性、渗透性、沉积微相和火山活动等因素控制，火山物质与沸石矿物的形成与分布关系密切。通过大量的岩石薄片鉴定结果和结合国内外研究成果，研究区沸石的形成具有明显的相控特征，沉积相控制着沸石的发育。浊沸石发育于杂基含量低、原始孔渗高的扇三角洲前缘的砂砾岩中，片沸石发育于杂基含量高的扇三角洲平原砾岩中。沉积过程是影响沸石矿物含量的重要因素，物源决定填隙物的类型，进而影响沸石的含量。

1. 沉积相控制沸石的发育

玛湖地区二叠系乌尔禾组砂砾岩有以下几个特点：特殊的扇三角洲沉积环境和极高的火山岩岩屑含量；低成熟度的砂砾岩在埋藏过程中易形成封闭的成岩环境，短暂开放性的碱性沉积环境和长期处于碱性成岩环境有利于火山物质发生脱玻化作用；多次油气充注有利于形成次生孔隙，但长期处于封闭的碱性环境是储层致密化的原因之一。不同相带具不同含量的物质基础和不同的成岩环境，导致不同类型沸石类矿物的析出。

扇三角平原长期处于水上部分，泥石流成因砾岩和少量牵引流成因的砂砾岩相互叠置，成分成熟度和结构成熟度极低（图6-9a），杂基含量高。原生孔隙度不发育（图6-9b），

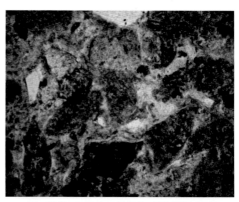

(a) 玛3井，3381.4m，灰色粗砾岩　　　　　　(b) 玛3井，3302.4m，单偏光，原生孔隙不发育

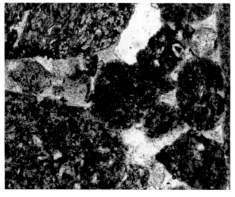

(c) 玛005井，3566.91m，正交偏光，孔隙中泥质充填　　(d) 玛001井，3567m，单偏光，它形泥晶片沸石

图6-9　玛湖地区下乌尔禾组扇三角洲平原沉积及沸石特点

填隙物以凝灰质和泥质杂基为主（图6-9c），短暂处于碱性沉积环境后长期处于碱性成岩环境。在埋藏过程中火山碎屑溶蚀为沉积水体带来大量的碱金属离子形成偏碱性的沉积环境，为片沸石交代凝灰质或火山碎屑提供物质基础。片沸石以他形泥晶片沸石呈半充填或全充填于泥质粉细砂岩碎屑颗粒之间或自形中细晶片沸石充填于中粗砂或砂砾岩中（图6-9d）。片沸石主要分布于扇三角洲平原，有3个发育区：（1）玛东地区玛东2井一带，片沸石含量在0.5%～3%；（2）玛东地区盐北217井、玛218井一带，片沸石含量在1%～7%；（3）玛北地区玛3井、玛005井一带，片沸石含量在0.5%～2%（图6-10）。

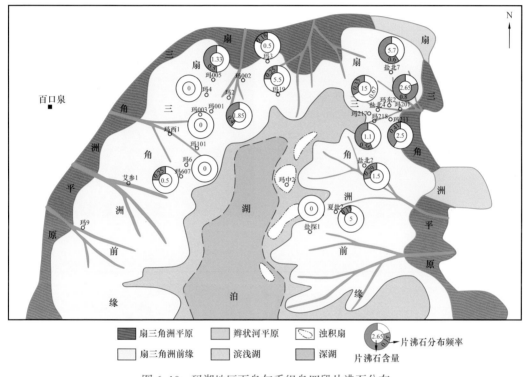

图6-10　玛湖地区下乌尔禾组乌四段片沸石分布

　　扇三角洲前缘内环带受湖平面的变化，主要发育牵引流成因的砂砾岩和少量泥石流成因的砾岩以及少量的砂岩，成分成熟度和结构成熟度高（图6-11a），原生孔隙度较为发育（图6-11b）。砂砾岩黏土矿物主要为伊／蒙混层、凝灰质，胶结物以浊沸石为主少量的绿泥石和凝灰质（图6-11c），表明长期处于碱性成岩环境。成岩过程中原生孔隙发育有利于地层水的交换，加之原生孔隙和油气充注形成的次生孔隙为沸石的析出提供了充足的空间，当地层水有利于浊沸石的形成时，浊沸石以胶结物形式析出（图6-11d）。浊沸石胶结带在平面上呈规律性的变化。浊沸石胶结物主要分布于扇三角洲前缘，有4个发育区：（1）玛东地区夏盐2井、盐001井一带，浊沸石含量0.5%～6%；（2）玛东地区盐北4井及玛217井、玛218井一带，浊沸石含量1%～7%；（3）玛北玛003井、玛4井一带，浊沸石含量0.5%～4%；（4）玛北地区玛607井一带，浊沸石含量0.5%～5%。在同一物源区的扇体，由湖盆中心向湖盆边缘，因水介质盐度和碱度的降低，造成沸石由低硅的浊沸石向高硅的片沸石发育的分布特征（图6-12）。

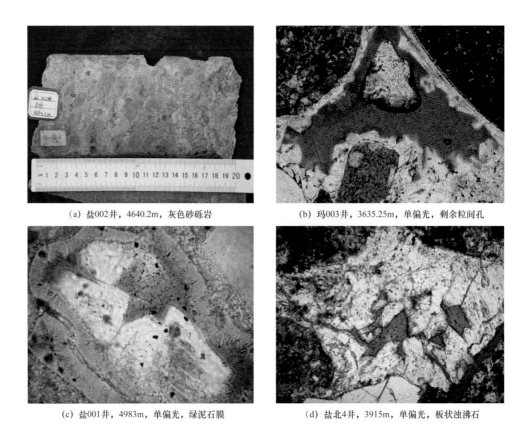

(a) 盐002井，4640.2m，灰色砂砾岩

(b) 玛003井，3635.25m，单偏光，剩余粒间孔

(c) 盐001井，4983m，单偏光，绿泥石膜

(d) 盐北4井，3915m，单偏光，板状浊沸石

图 6-11　玛湖地区扇三角洲前缘沉积及沸石特点

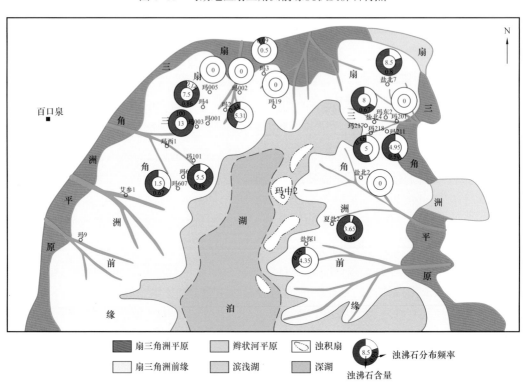

图 6-12　玛湖地区下乌尔禾组乌四段浊沸石分布

2. 沉积过程控制沸石的发育

玛湖地区扇三角洲牵引流成因与重力流成因的砂砾岩相互叠置。相比之下，牵引流砂砾岩具有较好的原生孔渗、较有利的地层水交换频率和浊沸石形成较为有利的空间，在埋藏过程中火山碎屑早期溶蚀为沉积水体带来大量的碱金属离子形成偏碱性的成岩环境；重力流成因的砂砾岩地层水交换停滞，再加之浊沸石的形成空间不足，只能形成少量交代凝灰质和火山碎屑的浊沸石（图6-13a、b）。牵引流成因的砂砾岩原生孔渗较好，有利于地层水交换，加之含原生孔隙和次生孔隙，大量浊沸石以胶结物的形式析出（图6-13c、d）。

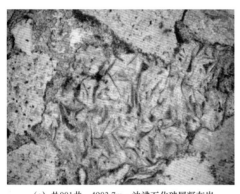

(a) 盐001井，4983.7m，浊沸石化玻屑凝灰岩

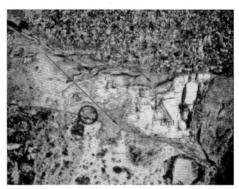

(b) 玛201井，3646.75m，交代成因浊沸石

(c) 夏盐2井，4717.35m，多期浊沸石

(d) 玛001井，3594.96m，多期浊沸石

图6-13　不同成因砂砾岩储层沸石形成特点

第四节　优质储层发育模式

一、玛东地区乌尔禾组物性特征

根据玛东地区盐北1井、玛东2井、玛201井、玛202井、玛211井、盐北2井、夏盐2井等7口井的乌尔禾组岩心样品分析发现，砂砾岩储层质量与浊沸石关系密切。孔隙度变化范围为5%～19.1%，平均8.42%，渗透率变化范围0.014～1428.2mD，平均2.78mD（表6-1、图6-14），整体属于低孔、低渗储层，具体岩心样品分析数据见表6-1。储层储集空间以溶蚀孔隙为主，包括粒内溶孔、粒间溶孔和基质溶孔（图6-15）。

表 6-1 玛东二叠系下乌尔禾组储集体物性特征数据表

井号	层位	取心井段（m）	岩性描述	孔隙度（%）		渗透率（mD）	
				范围	平均值	范围	平均值
夏盐 2	P_2w_4	4616.88～4621.35	中砂岩—砂砾岩	8.7～14.4	11.4	0.03～38.09	0.44
	P_2w_3	4717.35～4719.36	砂砾岩	9.6～15.0	12.1	85.07～1428.20	261.53
	P_2w_2	4850.35～4854.97	细砂岩	6.0～9.2	7.5	0.04～0.09	0.06
玛 202	P_2w_4	3789.50～3799.54	砂砾岩	5.0～10.8	7.7	0.71～88.40	9.41
玛东 2	P_2w_3	3780.30～3799.54	细砂岩—砂砾岩	6.97～10.14	8.1	0.66	0.66
玛 201	P_2w_3	3630.95～3650.05	砂砾岩	5.9～10.9	8.3	0.22～267.00	6.72
玛 211	P_2w_4	3756.90～3773.41	砂砾岩	5.1～9.0	6.5	0.02～61.00	1.88
		3782.20～3796.58	砂砾岩	5.5～8.9	7.2	0.08～1390.00	5.42
盐北 1	P_2w_4	4008.04～4011.70	细砂岩	5.7～7.2	6.5	0.01～7.66	0.09
		4029.00～4093.00	砂砾岩	7.7～19.1	15.0	9.01～193.00	34.65
盐北 2	P_2w_4	4290.15～4291.33	粉细砂岩	5.0～7.4	6.2	0.06～52.06	1.71
		4354.12～4356.28	细砂岩—砂砾岩	5.4～10.0	7.1	0.03～0.46	0.15
	P_2w_3	4467.90～4469.94	粉砂岩—砂砾岩	10.9～11.5	11.2	125.00	125.00

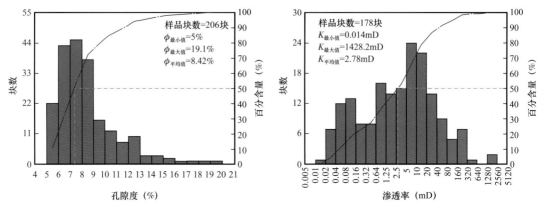

图 6-14 玛东地区二叠系下乌尔禾组储层孔隙度、渗透率分布直方图

二、孔隙结构特征

通过对样品压汞分析测得的孔隙结构定量参数的统计分析发现储集岩的孔隙结构变化较大。总体上，下乌尔禾组最大孔喉半径分布跨度很大，说明孔喉大小分布范围广，但平均值小于 2.5μm，基本属于细喉—微喉。排驱压力在一定范围内变化较大，但平均值并不高，是由于储集岩中裂缝发育。平均毛细管半径多小于 1μm，属微小孔隙—微孔隙。孔隙结构属微小孔细喉、微孔微细喉、微孔微喉，评价为中下、差（图 6-16）。

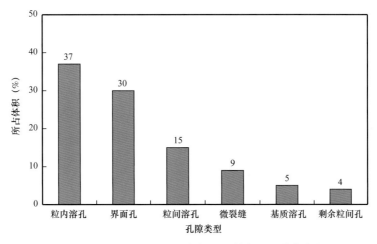

图 6-15 玛东地区二叠系下乌尔禾组储集空间分布直方图

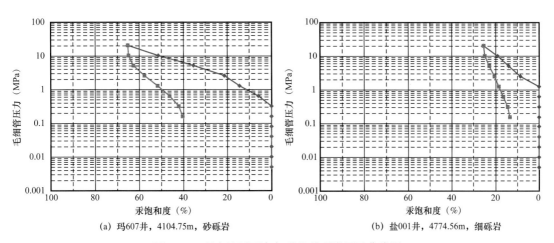

(a) 玛607井，4104.75m，砂砾岩   (b) 盐001井，4774.56m，细砾岩

图 6-16 玛东地区下乌尔禾组砂砾岩压汞曲线图

三、优质储层发育模式

优质储层发育受多种因素的控制和制约，有利相带是该区优质砂砾岩储层发育的基础，古构造高部位有利于浊沸石溶蚀形成优质储层，裂缝的发育在改善渗流能力的同时也促进了浊沸石的溶蚀。研究表明，玛湖地区优质储层分布主要受沉积相带、古构造高部位和裂缝的控制。

1. 有利相带是优质砂砾岩储层发育的基础

沉积环境控制储集砂砾岩体类型，是决定储层孔渗特征的重要因素。不同沉积环境的水动力条件不同，导致沉积碎屑物的成分、粒度、分选、胶结类型、孔隙充填方式等都不相同，形成的储集砂体在内部结构、层理构造、厚度、形态、侧向连续性和纵向连续性等方面都有不同程度的差异。不同相带控制着浊沸石、片沸石的发育，由湖盆边缘向湖盆中心，由于水介质盐度和碱度的增加，造成沸石由高硅的片沸石向低硅的浊沸石发育特征（图6-17）。浊沸石相对片沸石更容易遭受后期的溶蚀，片沸石基本上不溶蚀。因而，沸石胶结物的分布规律控制了沸石溶蚀的范围和类型，扇三角洲前缘内环带的砂砾岩储层溶蚀程度明显大于扇三角平原的砂砾岩，其物性明显优于扇三角洲平原（图6-18）。

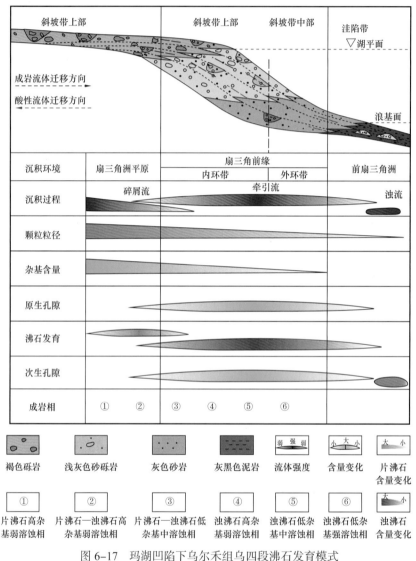

图6-17　玛湖凹陷下乌尔禾组乌四段沸石发育模式

2. 有利相带古构造高部位有利于浊沸石溶蚀形成优质储层

玛2井区1994年交下乌尔禾组探明含油面积46.4km²，石油地质储量2291×10⁴t。玛2井区共试油11口21层，含油面积内试油5口13层，单井日产油为0.46～24.94t，平均8.8t，玛006井最高为24.94t。玛2井区整体为一背斜，玛006为该井区的古构造高部位（图6-19）。

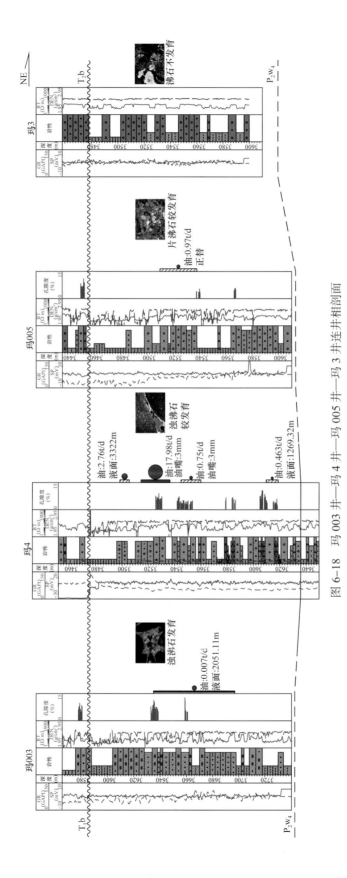

图 6-18 玛 003 井—玛 4 井—玛 005 井—玛 3 井连井相剖面

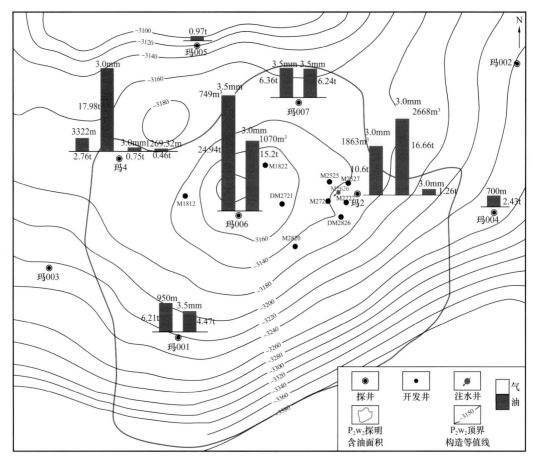

图 6-19 玛 2 井区构造图

玛 2 井区整体为扇三角洲前缘亚相沉积，浊沸石较为发育，但浊沸石含量过高则会严重胶结储层（如玛 003 井），不利于形成优质储层（图 6-20）。长期处于构造的高部位有以下优势：（1）处于烃源岩的上倾方向，是烃源岩产生的有机酸运移方向。（2）裂缝发育：古构造高部长期受到应力的影响，泥质含量低的砂砾岩裂缝极为发育。裂缝的存在为有机酸溶蚀浊沸石形成有利的优质储层提供条件（图 6-21）。

碎屑沉积物沉积后，随埋藏深度加大，进入与原始沉积时期不同的成岩环境。在温度、压力、流体性质等因素不断发生变化的影响下，沉积物组分之间、沉积物组分与孔隙水之间会发生一系列的成岩变化。研究区断裂活动较强、局部有火山作用、地下水源活跃、沉积环境多变、成岩原始成分复杂等特点，对区内成岩进程和系列产物均起着重要的控制作用。玛北地区以含较多的凝灰质和伊/蒙混层为特点，而玛东地区以含较多的绿泥石和少量的凝灰质、伊/蒙混层为特点。构造高部位的成岩环境决定了沸石的产状，影响着沸石后期的溶蚀（图 6-22）。温度小于 70℃，无沸石生成，即几乎没有沉积成因的沸石。温度在 70～90℃，广泛产出 3 种沸石组合：（1）绿泥石膜 + 浊沸石，（2）浊沸石，（3）片沸石 + 浊沸石（交代成因为主，浊沸石含量少）。温度在 90～130℃，油气充注导致浊沸石溶蚀：浊沸石＞绿泥石膜 + 浊沸石＞片沸石 + 浊沸石；温度大于 130℃，第二

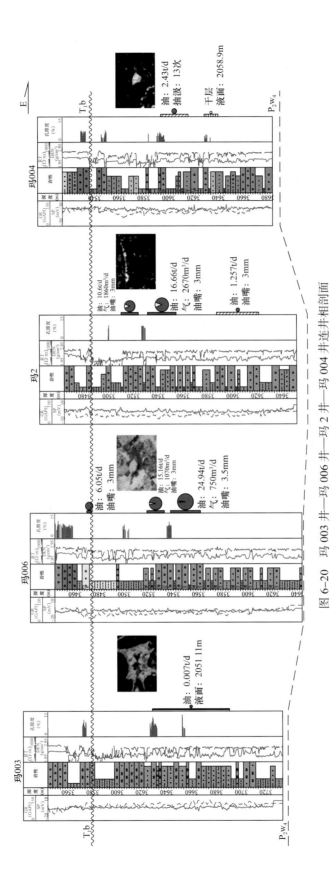

图 6-20 玛 003 井—玛 006 井—玛 2 井—玛 004 井连井相剖面

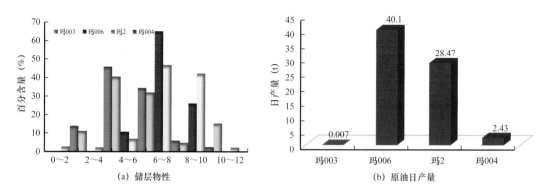

图 6-21 玛 003 井—玛 006 井—玛 2 井—玛 004 井储层物性和原油日产量

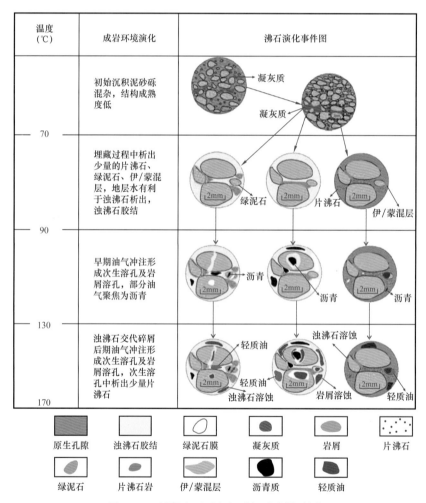

图 6-22 玛湖地区下乌尔禾组成岩模式图

期油气充注，早期有机质沥青化 + 浊沸石溶蚀：浊沸石＞绿泥石膜 + 浊沸石＞片沸石 + 浊沸石；沸石组合（2）的浊沸石最利于形成优质储层，裂缝的发育可提供新的流体通道，促进浊沸石溶蚀。

3. 裂缝对储层的影响

玛湖地区整体为挤压背景下的前陆盆地，盆地内发育多条大断裂。伴随断裂产生的大量裂缝大大改善了储层的渗透率。在断层和裂缝的沟通下，有利于后期酸性流体的进入，为沸石的溶蚀提供了有利条件。通过对玛607井岩心、薄片和物性条件等综合分析发现玛607井下部物性极好，孔隙度可达30%左右，渗透率达10mD，其主要原因在于该井下部发育大量的裂缝，浊沸石多以孔隙水沉淀且溶蚀程度较高（图6-23）。

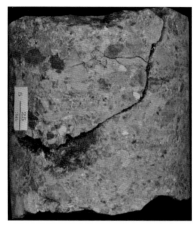 

(a) 玛607井，4103.5m，灰色砂砾岩　　　　(b) 玛607井，4103.5m，裂缝发育

图6-23　玛607井下乌尔禾组岩心和镜下照片

参 考 文 献

包洪平，杨奕华，王晓方，等．2007.同沉积期火山作用对鄂尔多斯盆地上古生界砂岩储层形成的意义．古地理学报，9（4）：397-406.

曹辉兰，华仁民，纪友亮，等．2001.扇三角洲砂砾岩储层沉积特征及与储层物性的关系．高校地质学报，7（2）：222-229.

曹剑，张义杰，胡文瑄，等．2005.油气储层自生高岭石发育特点及其对物性的影响．矿物学报，25（4）：367-373.

陈波，王子天，康莉，等．2016.准噶尔盆地玛北地区三叠系百口泉组储层成岩作用及孔隙演化．吉林大学学报（地球科学版），46（1）：23-35.

陈建平，查明，柳广第，等．2000.准噶尔盆地西北缘斜坡区不整合面在油气成藏中的作用．石油大学学报（自然科学版），24（4）：75-78.

陈磊，丁靖，潘伟卿，等．2012.准噶尔盆地玛湖凹陷西斜坡二叠系风城组云质岩优质储层特征及控制因素．中国石油勘探，17（3）：8-11.

陈能贵，郭沫贞，孟祥超．2016.准噶尔盆地西北缘中二叠统—下三叠统砂砾岩孔隙结构类型及其控制因素．新疆石油地质，37（4）：401-408.

陈荣坤．1994.稳定氧碳同位素在碳酸盐岩成岩环境中的应用．沉积学报，12（4）：11-21.

陈宣谕，徐义刚，Martin M.2014.火山灰年代学：原理与应用．岩石学报，30（12）：3491-3500.

冯有良，吴河勇，刘文龙．2011.徐家围子断陷下白垩统营城组四段层序地层与沉积体系发育特征．沉积学报，29（5）：889-905.

冯志强，刘嘉麒，王璞珺．2011.油气勘探新领域：火山岩油气藏．地球物理学报，54（2）：269-279.

冯子辉，王成，邵红梅，等．2015.松辽盆地北部火山岩储层特征及成岩演化规律．北京：科学出版社，126-134.

高建，马德胜，侯加根，等．2011.洪积扇砂砾岩储层岩石相渗流特征及剩余油分布规律．地质科技情报，30（5）：49-53.

巩磊，曾联波，陈树民，等．2016.致密砾岩储层微观裂缝特征及对储层的贡献．大地构造与成矿学，40（1）：38-46.

宫清顺，黄革萍，倪国辉，等．2010.准噶尔盆地乌尔禾油田百口泉组冲积扇沉积特征及油气勘探意义．沉积学报，28（6）：1135-1144.

宫清顺，倪国辉，芦淑萍．2010.准噶尔盆地乌尔禾油田百口泉组储层特征及控制因素分析．中国石油勘探，15（5）：11-16.

宫清顺，倪国辉，芦淑萍，等．2010.准噶尔盆地乌尔禾油田凝灰质岩成因及储层特征．石油与天然气地质，31（4）：481-485.

郭璇，潘建国，谭开俊，等．2012.地震沉积学在准噶尔盆地玛湖西斜坡区三叠系百口泉组的应用．天然气地球科学，23（2）：359-364.

何周，史基安，唐勇，等．2011.准噶尔盆地西北缘二叠系碎屑岩储层成岩相与成岩演化研究．沉积学报，29（6）：1069-1078.

洪淑新，邵红梅，王成，等.2007.砾岩储层微观测试技术在徐家围子气藏研究中的应用.大庆石油地质与开发，26（4）：43-45.

黄可可，黄思静，佟宏鹏，等.2009.长石溶解过程的热力学计算及其在碎屑岩储层研究中的意义.地质通报，28（4）：474-482.

黄思静，黄可可，冯文立，等.2009.成岩过程中长石、高岭石、伊利石之间的物质交换与次生孔隙的形成：来自鄂尔多斯盆地上古生界和川西凹陷三叠系须家河组的研究.地球化学，38（5）：498-506.

贾承造，赵文智，邹才能，等.2004.岩性地层油气藏勘探研究的两项核心技术.石油勘探与开发，31（3）：3-9.

贾承造，赵政璋，杜金虎，等.2008.中国石油重点勘探领域：地质认识、核心技术、勘探成效及勘探方向.石油勘探与开发，35（4）：385-396.

贾珍臻，林承焰，任丽华，等.2016.苏德尔特油田低渗透凝灰质砂岩成岩作用及储层质量差异性演化.吉林大学学报（地球科学版），46（6）：1624-1636.

蒋裕强，张春，张本健，等.2013.复杂砂砾岩储集体岩相特征及识别技术——以川西北地区为例.天然气工业，33（4）：31-36.

姜在兴.2003.沉积学.北京：石油工业出版社，192-196.

金爱民.2004.吐哈盆地含油气流体动力系统的流体史分析及其石油地质意义.杭州：浙江大学，102-106.

金雪英.2013.徐家围子断陷沙河子组砂砾岩储层岩性测井识别方法.东北石油大学学报，37（4）：47-54.

匡立春，吕焕通，齐雪峰，等.2005.准噶尔盆地岩性油气藏勘探成果和方向.石油勘探与开发，32（6）：32-37.

匡立春，唐勇，雷德文，等.2014.准噶尔盆玛湖凹陷斜坡区三叠系百口泉组扇控大面积岩性油藏勘探实践.中国石油勘探，19（6）：14-23.

雷德文.1995.准噶尔盆地玛北油田孔隙度横向预测.新疆石油地质，16（4）：296-300.

雷德文，阿布力米提，唐勇，等.2014.准噶尔盆地玛湖凹陷百口泉组油气高产区控制因素与分布预测.新疆石油地质，35（5）：495-499.

雷振宇，卞德智，杜社宽，等.2005.准噶尔盆地西北缘扇体形成特征分及油气分布规律.石油学报，26（1）：8-12.

雷振宇，鲁兵，蔚远江，等.2005.准噶尔盆地西北缘构造演化与扇体形成和分布.石油与天然气地质，26（1）：86-91.

李飞，程日辉，王璞珺，等.2009.松辽盆地东缘下白垩统营城组二段火山碎屑岩的发育特征.吉林大学学报（地球科学版），39（5）：803-800.

李江海，毛翔，李维波，等.2015.准噶尔盆地及邻区晚古生代构造演化与火山作用.北京：科学出版社，128-136.

李亮，宋子齐，唐长久，等.2006.标准测井在砾岩储层评价中的应用——以克拉玛依油田七区砾岩储层为例.特种油气藏，4（5）：44-47+106.

李维锋.2002.塔里木西南坳陷上新统阿图什组扇三角洲沉积.河北建筑科技学院学报，19（3）：69-71.

李维锋，高振中，彭德堂.1996.侧积交错层—辫状河道的主要沉积构造类型.石油实验地质，18（3）：298-302.

李维锋, 高振中, 彭德堂, 等. 1999. 库车坳陷中生界三种类型三角洲的比较研究. 沉积学报, 17（3）: 430-434.

李维锋, 何幼斌, 彭德堂, 等. 2001. 新疆尼勒克地区下侏罗统三工河组辫状河三角洲沉积. 沉积学报, 19（4）: 512-516.

李文浩, 张枝焕, 昝灵, 等. 2012. 渤南洼陷北部陡坡带沙河街组砂砾岩有效储层物性下限及其主控因素. 石油与天然气地质, 33（5）: 766-777.

李向博, 王建伟. 2007. 煤系地层中砂岩火山尘填隙物的成岩作用特征. 岩石矿物学杂志, 26（1）: 734-743.

李晓敏, 师永民, 姜洪福, 等. 2013. 火山泥石流: 一种新的油气储集类型: 来自海拉尔—塔木察格盆地下白垩统的证据. 北京大学学报（自然科学版）, 49（2）: 277-287.

梁官忠, 苗坤, 党燕, 等. 2000. 夫特砾岩油藏储层特征研究及开发对策. 石油与天然气地质, 21（2）: 151-156.

刘德良, 孙先如, 李振生, 等. 2006. 鄂尔多斯盆地奥陶系白云岩碳氧同位素分析. 石油实验地质, 28（2）: 155-160.

刘磊, 安高诠, 樊平, 等. 2007. 双河油田砂砾岩储层测井相研究. 石油地质与工程, 21（5）: 34-36.

刘锐娥, 孙粉锦, 拜文华, 等. 2002. 苏里格庙盒8气层次生孔隙成因及孔隙演化模式探讨. 石油勘探与开发, 4（4）: 47-49.

刘锐娥, 吴浩, 魏新善, 等. 2015. 酸溶蚀模拟实验与致密砂岩次生孔隙成因机理探讨: 以鄂尔多斯盆地盒8段为例. 高校地质学报, 21（4）: 758-766.

刘太勋, 徐怀民, 尚建林. 2006. 准噶尔盆地冲积扇储层流动单元研究. 西安石油大学学报（自然科学版）, 21（6）: 24-27.

刘万洙, 庞彦明, 吴河勇, 等. 2007. 松辽盆地深层储层砂岩中火山碎屑物质在成岩阶段的变化与孔隙发育. 吉林大学学报（地球科学版）, 37（4）: 698-702.

鲁新川, 张顺存, 蔡冬梅, 等. 2012. 准噶尔盆地车拐地区三叠系成岩作用与孔隙演化. 沉积学报, 30（6）: 1123-1129.

罗静兰, 刘新社, 付晓燕, 等. 2014. 岩石学组成及其成岩演化过程对致密砂岩储集质量与产能的影响: 以鄂尔多斯盆地上古生界盒8天然气储层为例. 地球科学（中国地质大学学报）, 39（5）: 537-545.

罗静兰, 邵红梅, 杨艳芳, 等. 2013. 松辽盆地深层火山岩储层的埋藏—烃类充注—成岩时空演化过程. 地学前缘, 20（5）: 175-187.

罗平, 邓恂康, 罗蛰潭. 1986. 克拉玛依油田八区下乌尔禾组砾岩的成岩变化及对储层的影响. 石油与天然气地质, 7（1）: 42-52.

马世忠, 王海鹏, 孙雨, 等. 2014. 松辽盆地扶新隆起带北部扶余油层超低渗储层黏土矿物特征及其对敏感性的影响. 地质论评, 60（5）: 1085-1092.

孟家峰, 郭召, 方世虎, 等. 2009. 准噶尔盆地西北缘冲断构造新解. 地学前缘, 16（3）: 171-179.

蒙启安, 刘立, 曲希玉, 等. 2010. 贝尔凹陷与塔南凹陷下白垩统铜钵庙组—南屯组油气储层特征及孔隙度控制作用. 吉林大学学报（地球科学版）, 40（6）: 1232-1240.

彭仕宓, 熊琦华, 黄述旺, 等. 1994. 砾岩储层沉积微相研究新方法. 石油学报, 15（6）: 45-51.

亓雪静.2006.利津油田砂砾岩扇体发育特征及储层评价.石油地球物理勘探,41(4):410-414.

邱隆伟,于杰杰,郝建民,等.2009.南堡凹陷高南地区东三段低渗储层敏感性特征的微观机制研究.岩石矿物学杂志,28(1):78-86.

邱楠生,杨海波,王绪龙,等.2002.准噶尔盆地构造—热演化特征.地质科学,37(4):423-429.

瞿建华,王泽胜,任本兵,等.2014.准噶尔盆地环玛湖斜坡区异常高压成因机理分析及压力预测方法.岩性油气藏,26(5):36-39.

瞿建华,张顺存,李辉,等.2013.玛北地区三叠系百口泉组油藏成藏控制因素.特种油气藏,20(5):51-56.

曲希玉,刘立,蒙启安,等.2012.大气水对火山碎屑岩改造作用的研究——以塔木查格盆地为例.石油实验地质,34(3):285-290.

曲永强,王国栋,谭开俊,等.2015.准噶尔盆地玛湖凹陷斜坡区三叠系百口泉组次生孔隙储层的控制因素及分布特征.天然气地球科学,26(增刊1):50-63.

任纪舜,王作勋,陈炳蔚.2000.从全球看中国大地构造:中国及邻区大地构造图简要说明.北京:地质出版社,1-74.

桑树勋,刘焕杰,贾玉如.1999.华北中部太原组火山事件层与煤岩层对比:火山事件层的沉积学研究与展布规律.中国矿业大学学报,28(1):53-55.

单祥,邹志文,孟祥超,等.2016.准噶尔盆地环玛湖地区三叠系百口泉组物源分析.沉积学报,34(5):930-939.

沈艳杰,程日辉,于振锋,等.2014.松辽盆地白垩系营城组再搬运火山碎屑与相模式.地球科学(中国地质大学学报),39(2):187-198.

史基安,郭晖,吴剑锋,等.2015.准噶尔盆地滴西地区石炭系火山岩油气成藏主控因素.天然气地球科学,26(增刊2):1-11.

斯春松,刘占国,寿建峰,等.2014.柴达木盆地昆北地区路乐河组砂砾岩有效储层发育主控因素及分布规律.沉积学报,32(5):966-972.

孙洪斌,张凤莲.2002.辽河断陷西部凹陷古近系砂岩储层.古地理学报,4(3):83-91.

孙佩,张小莉,郭兰,等.2010.相对高放射性砂岩成因及储集性能定性评价.西南石油大学学报(自然科学版),25(2):18-21.

孙玉善,刘新年,张艳秋,等.2014.中国西部地区方沸石胶结相与碎屑岩次生优质储集层形成机制.古地理学报,16(4):517-526.

谭开俊,王国栋,罗惠芬,等.2014.准噶尔盆地玛湖斜坡区三叠系百口泉组储层特征及控制因素.岩性油气藏,26(6):83-88.

唐华风,孔坦,刘祥,等.2016.松辽盆地下白垩统沉火山碎屑岩优质储层特征和形成机理.石油学报,37(5):631-643.

田飞,金强,李阳,等.2012.塔河油田奥陶系缝洞型储层小型缝洞及其充填物测井识别.石油与天然气地质,33(6):900-908.

田在艺.1996.中国含油气沉积盆地论.北京:石油工业出版社,28.

王成,官艳华,肖利梅,等.2006.松辽盆地北部深层砾岩储层特征.石油学报,27(增刊):52-56.

王德坪.1991.湖相内成碎屑流的沉积及形成机理.地质学报，65（4）：299-318.

王宏语，樊太亮，肖莹莹，等.2010.凝灰质成分对砂岩储集性能的影响.石油学报，31（3）：432-439.

王宏语，张晓龙，段志勇，等.2011.苏德尔特地区南一段凝灰质砂岩储层微观非均质性及其主控因素.
　　大庆石油学院学报，35（4）：30-37.

王建伟，鲍志东，陈孟晋，等.2005.砂岩中的凝灰质填隙物分异特征及其对油气储集空间影响——以鄂
　　尔多斯盆地西北部二叠系为例.地质科学，40（3）：429-438.

王璞珺，陈崇阳，张英，等.2015.松辽盆地长岭断陷火山岩储层特征及有效储层分布规律.天然气工业，
　　35（8）：10-18.

王璞珺，缴洋洋，杨凯凯，等.2016.准噶尔盆地火山岩分类研究与应用.吉林大学学报（地球科学版），
　　46（4）：1056-1070.

王晓平，尚建林，王林生，等.2013.地质统计反演在准噶尔盆地玛北油田的应用.新疆石油地质，34（3）：
　　320-323.

王玉祥.2017.砂砾岩致密储层填隙物特征及其对孔隙的影响.石油化工高等学校学报，30（1）：75-81.

吴孔友，查明，柳广弟.2002.准噶尔盆地二叠系不整合面及其油气运聚特征.石油勘探与开发，29（2）：
　　53-55.

吴胜和，伊振林，许长福，等.2008.新疆克拉玛依油田六中区三叠系克下组冲积扇高频基准面旋回与砂
　　体分布型式研究.高校地质学报，14（2）：157-163.

吴涛，张顺存，周尚龙，等.2012.玛北油田三叠系百口泉组储层四性关系研究.西南石油大学学报（自
　　然科学版），34（6）：47-52.

许琳，常秋生，陈新华，等.2015.玛北斜坡区三叠系百口泉组储集层成岩作用及孔隙演化.新疆地质，
　　33（1）：90-94.

许淑梅，翟世奎，李三忠，等.2001.歧口凹陷滩海区下第三系层序地层分析及沉积体系研究.沉积学报，
　　19（3）：363-367.

徐同台，王行信，张有瑜，等.2003.中国含油气盆地黏土矿物.北京：石油工业出版社，85-93.

徐洋，孟祥超，刘占国，等.2016.低渗透砂砾岩储集层粒内缝成因机制及油气勘探意义——以准噶尔盆
　　地玛湖凹陷三叠系百口泉组为例.新疆石油地质，37（4）：383-390.

杨仁超，李进步，樊爱萍，等.2013.陆源沉积岩物源分析研究进展与发展趋势.沉积学报，31（1）：
　　99-107.

杨翼波.2014.准噶尔盆地西北缘玛湖凹陷西斜坡区构造特征及油气成藏研究.西安：西北大学.

姚约东，雍洁，朱黎明，等.2010.砂砾岩油藏采收率的影响因素与预测.石油天然气学报，32（4）：
　　108-113.

于兴河，瞿建华，谭程鹏，等.2014.玛湖凹陷百口泉组扇三角洲砾岩岩相及成因模式.新疆石油地质，
　　35（6）：619-627.

袁静，李春堂，杨学君，等.2016.东营凹陷盐家地区沙四段砂砾岩储层裂缝发育特征.中南大学学报
　　（自然科学版），47（5）：1649-1659.

张昌民，王绪龙，朱锐，等.2016.准噶尔盆地玛湖凹陷百口泉组岩石相划分.新疆石油地质，37（5）：
　　606-614.

张成林,张鉴,吴建发,等.2016.凝灰质储层研究进展综述及探讨.断块油气田,23(5):545–548.

张代燕,彭永灿,肖芳伟,等.2013.克拉玛依油田七中、东区克下组砾岩储层孔隙结构特征及影响因素.油气地质与采收率,20(6):29–34.

张德林.1985.阿北地区砾岩储层特征.石油地球物理勘探,20(1):89–93.

张凡芹,王伟锋,王建伟,等.2006.苏里格庙地区凝灰质溶蚀作用及其对煤成气储层的影响.吉林大学学报(地球科学版),36(3):365–369.

张恺.1995.中国大陆板块构造与含油气盆地评价.北京:石油工业出版社,8–26.

张丽媛,纪友亮,刘立,等.2013.海拉尔—塔木察格盆地南贝尔凹陷下白垩统火山碎屑岩储层成岩演化及控制因素.古地理学报,15(2):261–274.

张丽媛,纪友亮,刘立,等.2012.火山碎屑岩储层异常高孔隙成因——以南贝尔凹陷东次凹北洼槽为例.石油学报,33(5):814–821.

张顺存,蒋欢,张磊,等.2014.准噶尔盆地玛北地区三叠系百口泉组优质储层成因分析.沉积学报,32(6):1171–1180.

张顺存,史基安,常秋生,等.2015.岩性相对玛北地区百口泉组储层的控制作用.中国矿业大学学报,44(6):1017–1024.

张顺存,邹妞妞,史基安,等.2015.准噶尔盆地玛北地区三叠系百口泉组沉积模式.石油与天然气地质,36(4):640–650.

张远,彭冰璨,宋俊杰,等.2013.南阳凹陷魏岗油田北部地区小层划分与对比——以核桃园组三段二亚段为例.石油天然气学报,35(9):15–17+1.

赵立旻,陈振岩,陈永成.2007.多参数岩性地震反演在大民屯凹陷三台子洼陷砂砾岩储层预测中的运用.中国石油勘探,10(4):53–55.

周书欣.1991.湖泊沉积体系与油气.北京:科学出版社.

朱庆忠,李春华,杨合义.2003.廊固凹陷沙三段深层砾岩体油藏成岩作用与储层孔隙关系研究.特种油气藏,10(3):15–17.

朱夏.1986.论中国含油气盆地构造.北京:石油工业出版社,1–74.

朱筱敏.2008.沉积岩石学.北京:石油工业出版社,93–97.

邹才能,侯连华,匡立春,等.2007.准噶尔盆地西缘二叠—三叠系扇控成岩储集相成因机理.地质科学,42(3):587–601.

邹妞妞,史基安,张大权,等.2015.准噶尔盆地西北缘玛北地区百口泉组扇三角洲沉积模式.沉积学报,33(3):607–615.

邹妞妞,张大权,钱海涛,等.2016.准噶尔盆地玛北斜坡区扇三角洲砂砾岩储层主控因素.岩性油气藏,28(4):24–33.